[美] 托马斯·H·奥格登　著

殷一婷　译　李孟潮　审校

心灵的母体

The Matrix of the Mind

客体关系与精神分析对话

Object Relations and
the Psychoanalytic Dialogue

华东师范大学出版社

·上海·

图书在版编目(CIP)数据

　　心灵的母体：客体关系与精神分析对话/(美)奥格登著；
殷一婷译. —上海：华东师范大学出版社，2016
　　(精神分析经典著作译丛)
　　ISBN 978 - 7 - 5675 - 5686 - 7

　　Ⅰ.①心…　Ⅱ.①奥…②殷…　Ⅲ.①精神分析-研究
Ⅳ.①B84 - 065

　　中国版本图书馆 CIP 数据核字(2016)第 219218 号

本书由上海文化发展基金会
出版专项基金资助出版

精神分析经典著作译丛

心灵的母体
——客体关系与精神分析对话

著　　者　托马斯·H·奥格登博士
译　　者　殷一婷
审　　校　李孟潮
策划编辑　彭呈军
特约编辑　王叶梅
责任校对　郭　琳
装帧设计　叶　珺　许　赞

出版发行　华东师范大学出版社
社　　址　上海市中山北路 3663 号　邮编 200062
网　　址　www.ecnupress.com.cn
电　　话　021 - 60821666　行政传真 021 - 62572105
客服电话　021 - 62865537　门市(邮购)电话 021 - 62869887
地　　址　上海市中山北路 3663 号华东师范大学校内先锋路口
网　　店　http://hdsdcbs.tmall.com

印 刷 者　浙江临安曙光印务有限公司
开　　本　787 毫米×1092 毫米　1/16
印　　张　11.5
字　　数　198 千字
版　　次　2017 年 1 月第 1 版
印　　次　2025 年 9 月第 13 次
书　　号　ISBN 978 - 7 - 5675 - 5686 - 7/B·1043
定　　价　28.00 元

出版人　王　焰

(如发现本版图书有印订质量问题,请寄回本社客服中心调换或电话 021 - 62865537 联系)

献给我的妻子，Sandra

上海市版权局著作权合同登记　图字: 09 - 2015 - 354 号

托马斯·H·奥格登(Thomas H. Ogden),医学博士,已有十二本著作出版,包括关于精神分析理论和实践的论文集,以及关于 Frost, Borges, Kafka, Heaney, Stevens 等作家的写作评论集。他近期的一些著作包括:*Reclaiming Unlived Life*:*Experiences in Psychoanalysis*、*Creative Readings*:*Essays on Seminal Analytic Works*、*Rediscovering Psychoanalysis*:*Thinking and Dreaming*,*Learning and Forgetting* 以及 *This Art of Psychoanalysis*:*Dreaming Undreamt Dreams and Interrupted Cries* *。他的著作已被翻译为二十多种语言。

奥格登博士被授予国际精神分析期刊(*International Journal of Psychoanalysis*)2004 年"年度最重要论文"奖;他由于"作为精神分析临床工作者、教师和理论家的杰出贡献"而被授予了 2010 年 Haskell Norman 奖;他还由于对"精神分析领域的贡献"而被授予了 2012 年 Sigourney 奖;此外,他还由于对精神分析领域的终身贡献,而被授予 2014 年 Hans Loewald 奖。他在加州旧金山居住并从事精神分析理论与实践和创造性写作两个领域的教学工作。

---

* *This Art of Psychoanalysis*:*Dreaming Undreamt Dreams and Interrupted Cries* 的中文译本由北京大学出版社于 2008 年出版,中文书名是《精神分析艺术:导出未做之梦延续被打断的呐喊》。——译者注

译丛编委会

（按拼音顺序）

美方编委：Barbara Katz　　Elise Synder
中方编委：徐建琴　严文华　张　庆　庄　丽

CAPA 翻译小组第一批译者：

邓雪康　唐婷婷　吴　江　徐建琴

王立涛　叶冬梅　殷一婷　张　庆

通过译著学习精神分析

通过译著来学习精神分析

绝大多数关于精神分析的经典著作都不是用中文写就的。这是中国人学习精神分析的一个阻碍。即使能用外语阅读这些经典文献,也需要花费比用母语阅读更多的时间,而且有时候理解起来未必准确。精神分析涉及人的内心深处,要对个体内在的宇宙进行描述,用母语读有时都很费劲,更不用说要用外语来读。通过中文阅读精神分析的经典和前沿文献,成为很多学习者的心声。其实,这个心声的完整表述应该是:希望读到翻译质量高的文献。已有学者和出版社在这方面做出了很多努力,但仍然不够。有些书的翻译质量不尽如人意,有些想看的书没有被翻译出版。

和心理咨询的其他流派相比,精神分析的特点是源远流长、派别众多、著作和文献颇丰,可谓汗牛充栋。用外语阅读本来就是一件困难的事情,需要选择什么阅读使得这件事情更为困难。如果有人能够把重要的、基本的、经典的、前沿的精神分析文献翻译成中文,那该多好啊!如果中国读者能够没有语言障碍地汲取精神分析汪洋大海中的营养,那该多好啊!

CAPA 翻译小组的成立就是为了达到这样的目标:选择好的精神分析的书,翻译成高质量的中文版,由专业的出版社出书。好的书可能是那些经典的、历久弥新的书,也可能是那些前沿的、有创新意义的书。这需要慧眼人从众多书籍中把它们挑选出来。另外,翻译质量和出版社质量也需要有保证。为了实现这个目标,CAPA翻译小组应运而生,而第一批被精挑细选出的译著,经过漫长的、一千多天的工作,由译者精雕精琢地完成,由出版社呈现在读者目前。下面简要介绍一下这个过程。

CAPA 第一支翻译团队的诞生和第一批翻译书目的出版

既然这套丛书冠以 CAPA 之名,首先需要介绍一下 CAPA。CAPA(China American Psychoanalytic Alliance,中美精神分析联盟),是一个由美国职业精神分析师创建于 2006 年的跨国非营利机构,致力于在中国进行精神健康的发展和推广,为中国培养精神分析动力学方向的心理咨询师和心理治疗师,并为他们提供培训、督导以及受训者的个人治疗。CAPA 项目是国内目前少有的专业性、系统性、连续性非常强的专业培训项目。在中国心理咨询和心理治疗行业中,CAPA 的成员正在成长和形成一支注重专业素质和临床实践的重要专业力量[①]。

CAPA 翻译队伍的诞生具有一定的偶然性,但也有其必然性。作为 CAPA F 组的学员,我于 2013 年开始系统地学习精神分析。很快我发现每周阅读的英文文献花了我太多时间,这对全职工作的我来说太奢侈,而其中一些已翻译成中文的阅读材料让我节省不少时间。我就写了一封邮件给 CAPA 主席 Elise,建议把更多的 CAPA 阅读文献翻译成中文。行动派的 Elise 马上提出可以成立一个翻译小组,并让我来负责这件事情。我和 Elise 通过邮件沟通了细节,确定了从人、书和出版社三个途径入手。

在人的方面,确定的基本原则是:译者必须通过挑选,这样才能确保译著的质量。第一步是 2013 年 10 月在中国 CAPA 学员中招募有志于翻译精神分析文献的人。第二步为双盲选拔:所有报名者均须翻译一篇精神分析文献片断,翻译文稿匿名化,被统一编码,交给由四位中英双语精神分析专业人士组成的评审组。这四位人士由 Elise 动用自己的人脉找到。最初的二十多位报名者中,有十六位最终完成了试译稿。四位评委每人审核四篇,有些评委逐字逐句进行了修订,做了非常细致的工作。最终选取每一位评审评出的前两名,一共八位,组成正式的翻译小组。后来由于版权方要求 Anna Freud 的 *The Ego and the Mechanism of Defense* 必须直接从德文版翻译,临时吸收了一位德文翻译。第一批翻译小组的成员有九位,后来参与到具体翻译工作中的有七位:邓雪康、唐婷婷、王立涛、叶冬梅、殷一婷、张庆、吴江(德文)。后来由于有成员因个人事务无法参与到翻译工作中,又搬来救兵徐建琴。

在书的方面,我们先列出能找到的有中译本的精神分析的著作清单,把这个清单

---

① 更多具体信息可参看网站:http://www.capachina.org.cn

发给了美国方面。在这个基础上，Elise向CAPA老师征集推荐书单。考虑到中文版需要满足国内读者的需求，这个书单被发给CAPA学员，由他们选出来自己认为最有价值、最想读的10本书。通过对两个书单被选择的顺序进行排序，对排序加权重，最终选择了排名前20位的书。这个书单确定后，提交给华东师范大学出版社，由他们联系中文翻译版权的相关事宜。最终共有8本书的中文翻译版权洽谈进展顺利，这形成了译丛第一批的8本书。

出版社方面，我本人和华东师范大学出版社有多年的合作，了解他们的认真和专业性。我非常信任华东师范大学出版社教育心理分社社长彭呈军。他本人就是心理学专业毕业的，对市场和专业都非常了解。经过前期磋商，他对系列出版精神分析的丛书给予了肯定和重视，并欣然接受在前期就介入项目。后来出版社一直全程跟进所有的步骤，及时商量和沟通出现的问题。他们一直把出版质量放在首位。

CAPA美国方面、中方译者、中方出版社三方携手工作是非常重要的。从最开始三方就奠定了共同合作的良好基调。2013年11月Elise来上海，三方进行了第一次座谈。彭呈军和他们的版权负责人以及数位已报名的译者参加了会议。会上介绍和讨论了已有译著的情况、翻译小组的进展、未来的计划、工作原则等等。翻译项目由雏形渐渐变得清晰、可操作起来。也是在这次会议上，有人提出能否在翻译的书上用"CAPA"的logo。后来CAPA董事会同意在遴选的翻译书上用"CAPA"的logo，每两年审核一次。出版社也提出了自己的期待和要求，并介绍了版权操作事宜、译稿体例、出版流程等。这次会议之后，翻译项目推进得迅速了。这样的座谈会每年都有一次。

在这之后，张庆被推为翻译小组负责人，其间有大量的邮件往来和沟通事宜。她以高度的责任心，非常投入地工作。2015年她由于过于忙碌而辞去职务，徐建琴勇挑重担，帮助做出版社和译者之间的桥梁，并开始第二支翻译队伍的招募、遴选，亦花大量时间和精力。

精神分析专业书籍的翻译的难度，读者在阅读时自有体会。第一批译者知道自己代表CAPA的学术形象，所以翻译过程中兢兢业业，把翻译质量当作第一要务。目前的翻译进度其实晚于我们最初的计划，而出版社没有催促译者，原因之一就是出版社参与在翻译进程中，了解译者们是多么努力和敬业，在专门组建的微信群里经常讨论一些专业的问题。翻译小组利用了团队的力量，每个译者翻译完之后，会请翻译团队里的人审校一遍，再请专家审校，力求做到精益求精。从2013年秋天至今，在第三个秋天迎来丛书中第一本译著的出版，这本身说明了译者和出版社的慎重和潜心琢磨。

期待这套丛书能够给大家充足的营养。

第一批被翻译的书：内容简介

以下列出第一批译丛的书名(在正式出版时,书名可能还会有变动)、作者、翻译主持人和内容简介,以飨读者。其内容由译者提供。

书名：心灵的母体(*The Matrix of the Mind：Object Relations and the Psychoanalytic Dialogue*)

作者：Thomas H. Ogden

翻译主持人：殷一婷。

内容简介：本书对英国客体关系学派的重要代表人物,尤其是克莱因和温尼科特的理论贡献进行了阐述和创造性重新解读。特别讨论了克莱因提出的本能、幻想、偏执—分裂心位、抑郁心位等概念,并原创性地提出了心理深层结构的概念,偏执—分裂心位和抑郁心位作为不同存在状态的各自特性及其贯穿终生的辩证共存和动态发展;以及阐述了温尼科特提出的早期发展的三个阶段(主观性客体、过渡现象、完整客体关系阶段)中称职的母亲所起的关键作用、潜在空间等概念,明确指出母亲(母—婴实体)在婴儿的心理发展中所起的不可或缺的母体(matrix)作用。作者认为,克莱因和弗洛伊德重在描述心理内容、功能和结构,而温尼科特则将精神分析的探索扩展到对这些内容得以存在的心理—人际空间的发展进行研究。作者认为,正是心理—人际空间和它的心理内容(也即容器和所容物)这二者之间的辩证相互作用,构成了心灵的母体。此外,作者还梳理和创造性解读了客体关系理论的发展脉络及其内涵。

书名：让我看见你——临床过程、创伤与解离(暂定)(*Standing in the Spaces-Essays on Clinical Process，Trauma and Dissociation*)

作者：Philip Bromberg

翻译主持人：邓雪康

内容简介：本书精选了作者二十年里发表的 18 篇论文,在这些年里作者一直专注于解离过程在正常及病态心理功能中的作用及其在精神分析关系中的含义。作者发现大量的临床证据显示,自体是分散的,心理是持续转变的非线性意识状态过程,心理问题不仅是由压抑和内部心理冲突造成的,更重要的是由创伤和解离造成的。解离作为一种防御,即使是在相对正常的人格结构中也会把自体反思限制在安全的或自体存在所需的范围内,而在创伤严重的个体中,自体反思被严重削弱,使反思能力不至于彻底丧失而导致自体崩溃。分析师工作的一部分就是帮助重建自体解离部分之间的连接,为内在冲突及其解决办法的发展提供条件。

书名:婴幼儿的人际世界(*The Interpersonal World of the Infant*)

作者:Daniel N. Stern

翻译主持人:张庆

内容简介:Daniel N. Stern 是一位杰出的美国精神病学家和精神分析理论家,致力于婴幼儿心理发展的研究,在婴幼儿试验研究以及婴儿观察方面的工作把精神分析与基于研究的发展模型联系起来,对当下的心理发展理论有重要的贡献。Stern 著述颇丰,其中最受关注就是本书。

本书首次出版于 1985 年,本中译版是初版 15 年后、作者补充了婴儿研究领域的新发现以及新的设想所形成的第二版。本书从客体关系的角度,以自我感的发育为线索,集中讨论了婴儿早期(出生至十八月龄)主观世界的发展过程。1985 年的第一版中即首次提出了层阶自我的理念,描述不同自我感(显现自我感、核心自我感、主观自我感和言语自我感)的发展模式;在第二版中,Stern 补充了对自我共在他人(self with other)、叙事性自我的论述及相关讨论。本书是早期心理发展领域的重要著作,建立在对大量详实的研究资料的分析与总结之上,是理解儿童心理或者生命更后期心理病理发生机制的重要文献。

书名:成熟过程与促进性环境(暂定)(*The Maturational Processes and the Facilitating Environment*)

作者:D. W. Winnicott

翻译主持人:唐婷婷

内容简介:本书是英国精神分析学家温尼科特的经典代表作,聚集了温尼科特关于情绪发展理论及其临床应用的 23 篇研究论文,一共分为两个主题。第一个主题是关于人类个体情绪发展的 8 个研究,第二个主题是关于情绪成熟理论及其临床技术使用的 15 个研究。在第一个主题中,温尼科特发现了在个体情绪成熟和发展早期,罪疚感的能力、独处的能力、担忧的能力和信赖的能力等基本情绪能力，它们是个体发展为一个自体（自我）统合整体的里程碑。这些基本能力发展的前提是养育环境（母亲）所提供的供养，温尼科特特别强调了早期母婴关系的质量（足够好的母亲）是提供足够好养育性供养的基础，进而提出了母婴关系的理论，以及婴儿个体发展的方向是从一开始对养育环境的依赖，逐渐走向人格和精神的独立等一系列具有重要影响的观点。在第二个主题中，温尼科特更详尽地阐述了情绪成熟理论在精神分析临床中的运用，谈及了真假自体、反移情、精神分析的目标、儿童精神分析的训练等主题，其中他特别提出了对那些早期创伤的精神病性问题和反社会倾向青少年的治疗更加有效的方法。

温尼科特的这些工作对于精神分析性理论和技术的发展具有革命性和创造性的意义，他把精神分析关于人格发展理论的起源点和动力推向了生命最早期的母婴关系，以及在这个关系中的整合性倾向，这对于我们理解人类个体发展，人格及其病理学有着极大的帮助，也给心理治疗，尤其是精神分析性的心理治疗带来了极大的启发。

书名：自我与防御机制（*The Ego and the Mechanisms of Defense*）

作者：Anna Freud

翻译主持人：吴江

内容简介：《自我与防御机制》是安娜·弗洛伊德的经典著作，一经出版就广为流传，此书对精神分析的发展具有重要的作用。书中，安娜·弗洛伊德总结和发展了其父亲有关防御机制的理论。作为儿童精神分析的先驱，安娜·弗洛伊德使用了鲜活的儿童和青少年临床案例，讨论了个体面对内心痛苦如何发展出适应性的防御方式，以及讨论了本能、幻想和防御机制的关系。书中详细阐述了两种防御机制：与攻击者认同和利他主义，对读者理解防御机制大有裨益。

书名：精神分析之客体关系（*Object Relations in Psychoanalytic Theory*）

作者：Jay R. Greenberg 和 Stephen A. Mitchell

翻译主持人：王立涛

内容简介：一百多年前，弗洛伊德创立了精神分析。其后的许多学者、精神分析师，对弗洛伊德的理论既有继承，也有批判与发展，并提出许多不同的精神分析理论，而这些理论之间存在对立统一的关系。"客体关系"包含个体与他人的关系，一直是精神分析临床实践的核心。理解客体关系理论的不同形式，有助于理解不同精神分析学派思想演变的各种倾向。作者在本书中以客体关系为主线,综述了弗洛伊德、沙利文、克莱因、费尔贝恩、温尼科特、冈特瑞普、雅各布森、马勒以及科胡特等人的理论。

书名:精神分析心理治疗实践导论(*Introduction to the Practice of Psychoanalytic Psychotherapy*)

作者:Alessandra Lemma

翻译主持人:徐建琴　任洁

内容简介:《精神分析心理治疗实践导论》是一本相当实用的精神分析学派心理治疗的教科书,立意明确、根基深厚,对新手治疗师有明确的指导,对资深从业者也相当具有启发性。

本书前三章讲理论,作者开宗明义指出精神分析一点也不过时,21世纪的人类需要这门学科;然后概述了精神分析各流派的发展历程;重点讨论患者的心理变化是如何发生的。作者在"心理变化的过程"这一章的论述可圈可点,她引用了大量神经科学以及认知心理学领域的最新研究发现,来说明心理治疗发生作用的原理,令人深思回味。

心理治疗技术一向是临床心理学家特别注重的内容,作者有着几十年带新手治疗师的经验,本书后面六章讲实操,为精神分析学派的从业人员提供了一步步明确指导,并重点论述某些关键步骤,比如说治疗设置和治疗师分析性的态度;对个案的评估以及如何建构个案;治疗过程中的无意识交流;防御与阻抗;移情与反移情以及收尾。

书名:向病人学习(*Learning from the Patients*)

作者:Patrick Casement

翻译主持人:叶冬梅

内容简介:在助人关系中,治疗师试图理解病人的无意识,病人也在解读并利用治疗师的无意识,甚至会利用治疗师的防御或错误。本书探索了助人关系的这种动力性,展示了尝试性认同的使用,以及如何从病人的视角观察咨询师对咨询进程的影响,说明了如何使用内部督导和恰当的回应,使治疗师得以补救最初的错误,甚至让病人有更多的获益。本书还介绍了更好地区分治疗中的促进因素和阻碍因素的方法,使咨询师避免先入为主的循环。在作者看来,心理动力性治疗是为每个病人重建理论、发展治疗技术的过程。

作者用清晰易懂的语言，极为真实和坦诚地展示了自己的工作，这让广大读者可以针对他所描述的技术方法，形成属于自己的观点。本书适应于所有的助人职业，可以作为临床实习生、执业分析师和治疗师及其他助人从业者的宝贵培训材料。

严文华

2016 年 10 月于上海

目录

中文版序

　　我在本书中讨论的这些理念，对我来说非常重要，以至于它们成了我的一部分，正如我所用的语言是我的一部分一样。我还记得第一次阅读克莱因、费尔贝恩和温尼科特著作时所体会到的那种兴奋感，这些作者的著作是本书讨论的焦点。他们的理念代表了对弗洛伊德思想的创造性阐释。弗洛伊德关注的是梦的象征意义（the symbolic meaning of dreams），而温尼科特关注的则是做梦的体验（the experience of dreaming）。克莱因的偏执—分裂心位和抑郁心位概念提供了关于极早期生命（最初的几个月）发展的理念，这是在人类经验中，弗洛伊德著作几乎完全未曾涉及的部分。比昂对克莱因的投射性认同理念的阐释，革命性地改变了临床实践，因为它提供了一种方式来理解：两个人——最开始是母亲和婴儿——如何可以一起思考那些其中任何一方都无法单独思考的内容。费尔贝恩提出的关于内部客体关系的理论构想，对于我们在当代思考我们每个人带入到自己在外部世界经验中的多重自我，作出了重大贡献。

　　一个人首先必须从书本和老师那里学习精神分析理念，然后，在十年左右的精神分析实践之后，他必须忘掉自己过去所学，以便发展出属于他自己的与病人工作的方式。做这件事不能太匆忙，因为这相当于重新发明一个无法运作的轮子。在积累了大量分析经验之后，精神分析取向的治疗师或许有可能形成自己的方式，来与病人一起创造出真诚的个人化的对话，一种开放的、诚实的、唯有这两个人之间才能产生的对话。如果要问我哪一个精神分析实践的原则是至高无上的，那么我认为这个原则就是：分析师必须与他的每个病人一起重新发明精神分析。我这样说的意思是，我和我的每个病人以不同的方式谈话，采用不同的声调，以及音高、音量、语音节奏、句法和用词的不同组合，以此来传达不能够以其他任何方式，对其他任何人表达的内涵。这对我来说毫不奇怪，我有两个成年子女，我不会用与其中一个说话的方式，来对另一个说话；在我人生的任何阶段，我都不会用与我母亲说话的方式，来对我父亲说话；我对我妻子说话的方式，不同于我和其他任何人说话的方式。每个我与之进入亲密交流的人都拉扯我，而我也拉扯他/她，于是我在一定程度上成了不同的人，并且与他们每个人都以不同的方式交流。越是亲密的交流，就越是如此。我和我的病人们的谈话，是我生命中最亲密的交流之一。

我发现自己必须持续处在"重新发现"我认为自己知道的东西的过程中。精神分析理念——即便是诸如"潜意识"和"移情"这样的基本概念——作为关于心灵运作的隐喻，如果不能随着一个人作为精神分析取向治疗师的发展而演进，那么这些概念将会变得陈腐。

我现在很少使用诸如投射性认同、潜意识、移情这样的术语，或者其他任何技术术语，在这个译本的序言中这样说，或许显得有些奇怪。这并不意味着这些概念对我来说已经变得不那么重要。在我对精神分析理论和实践进行思考时，这些术语是不可或缺的。我不再使用这些技术术语的原因是，我知道自己使用这些术语时指的是什么，但别人不知道，他们也没有理由知道。他们知道的是，那个术语对他们自己来说意味着什么。我尝试用日常语言替代技术术语，来描述我要讨论的临床现象和理论观点。我希望，读者或许会发现，这是对他/她在与自己或同行讨论精神分析理论和实践时有用的方式。

关于这本书，经常被问及的一个问题是："哪里是克莱因、温尼科特或费尔贝恩的思想终止，我的思想开始的分界点？"我对此的回答是：一切重要理念都处在持续变化中。在本书中，我不仅描述了我对他人理念的理解（make of），还描述了我和他人理念的交流（make with），并不存在清晰的界限可以区分，在哪里他人的理念终止，而我的理念开始。在这一点上，任何对于精神分析的"新"贡献，或者在其他任何领域，都是如此。

我希望，在本书中讨论的这些理念能为读者提供一些素材，在与这些素材的交流中，读者得以产生他/她自己的理念。因为，毕竟，一个理念有多好，取决于它能够被他人利用的程度。

托马斯·奥格登
于加州旧金山
2016 年 2 月 29 日

译者序

　　很荣幸,本书作为中美精神分析联盟(CAPA)组织翻译的"精神分析经典译丛"的第一本将要与读者见面了。欣闻本书出版在即,我的心情颇为激动。还记得在CAPA创始人和主席Elise Snyder女士、我的CAPA同学严文华老师以及华东师范大学出版社彭呈军老师的推动下,决定成立CAPA翻译小组,引进出版一批高质量的精神分析专业著作,这已经是两三年前的事情了。然后,这件事一步一步地按照CAPA的标准严谨地进行着。书籍是由CAPA的老师和学生们投票选出的,而翻译小组则是经由一个翻译测试,由精通双语的专业人员经由双盲程序选出的。当我作为一名在CAPA受训并获益良多的学员,很荣幸地通过筛选加入小组,并决定接下这本书时,我怀有一种压力和使命感,热切希望可以带给读者一本精准流畅的高水准译作。

　　早在我刚开始接受心理咨询相关培训时,偶然读到了Ogden博士的《精神分析艺术》一书,当时对于精神分析实践一知半解的我,感觉大为新奇和震惊:"啊,还可以这样玩?"但另一方面又觉得有些原本无法言表的很深的体验被说了出来,这文字中有一种震撼人心的力量。于是记住了Ogden这个名字。后来在CAPA的学习过程中,有数篇Ogden的论文入选阅读材料。每次阅读都感觉,他常常从非常新鲜的视角,说出了一些我在精神分析实践中真实体验到的东西。于是,我去读更多Ogden的著作,他的思想对于我个人在这些年逐渐形成自己的工作理念和风格的过程中,产生了深刻的影响。因此我越来越渴望有机会分享自己的收获,这本书的翻译工作就是在这种情况下决定接下的。我不仅怀着对CAPA的使命感,也怀着对Ogden博士著作的极大敬意,以及自己受惠于他思想的感激之情,希望可以准确优雅地把他的思想传递给读者。

　　本书是Ogden博士在20世纪80年代出版的数篇论文的基础上写就的。作者自述,他在第一次接触到克莱因、比昂、温尼科特、费尔贝恩等人的思想时,感觉非常兴奋。他有感于那个时候美国精神分析界与英国客体关系学派这些重要发展的隔离,致力于通过写作这本书来帮助美国读者理解客体关系理论及其对临床工作的意义。所以作者在开篇就说,这本书是作解释的行动,是作者试图创造和保存意义、挽回异化的努力,来守护人类交流的丰富性。

在我看来,这既是一本关于精神分析理论的著作,同时又具有极佳的临床应用性,尤其对于和早年发展严重受损的困难病人/来访者工作的心理健康专业人员具有极大的价值。这本书对于今天中国的精神分析学习者和实践者的意义,首先在于它以一种清晰易懂的方式解读了英国学派这些重要代表人物,尤其是克莱因和温尼科特思想中的一些重要理念。读过克莱因和温尼科特著作的读者可能大多会觉得,这两位大师的作品并不容易理解。很多人都说得出那些耳熟能详的名词,克莱因的幻想、好乳房坏乳房的分裂、偏执—分裂和抑郁心位、嫉羡;温尼科特的称职的妈妈、抱持、过渡客体和过渡空间等等;但这些概念要怎样在临床中应用,对于许多并未接受过客体关系学派系统培训的中国临床工作者来说,是含糊的。包括客体关系理论这个词本身,也常常被误解为是关于人际关系的理论。我本人也是在翻译本书的过程中,得以澄清一些含糊不清和误解之处。

由于作者以既清晰易懂又极具创造性的方式解读了这些重要理念,因此无论你是否熟悉客体关系理论,本书都非常值得一读。熟悉客体关系理论的读者可能会发现,Ogden博士解读的这些理念和原作者的呈现有时是有所不同的。比如,偏执—分裂心位,在克莱因那里是指一个人由于大量采用分裂、投射、投射性认同等方式,导致自己的一部分丢失了,感觉自己不完整、破碎、濒临灭绝、迫切需要采取行动摆脱这种状态,诸如此类的体验。而在本书中,Ogden博士更多地把偏执—分裂心位理解为一种缺乏主体感的非我状态。当然,在我看来,这是对同一个现象从两个略微不同的视角的描述,这两种视角都有助于我们理解一个主要处在偏执—分裂状态的人的体验和内在状态。

Ogden博士这样的描述是服务于本书的整体架构的。这个架构就是试图建立一种心理发展理论,同时也是临床治疗路径。这个架构是,人的早期发展要经历两个阶段:从纯生物性阶段到非主体心理阶段,以及从非主体心理阶段到主体阶段。而在这个过程中,婴儿需要母亲能够放弃自己的边界,提供一个"母—婴"实体,来作为帮助婴儿发展的母体。婴儿在这个过程中,能够逐渐走出最初完全禁锢在幻想中的主观世界的状态,能够发现外在客体,发现自己的存在,从而走向分离—个体化,成为一个独立的人。这个容器和所容物,心理内容和心理空间辩证互动的过程,构成了心理发展过程。

以这样一种架构，Ogden博士不仅解读了克莱因和温尼科特的著作，还对二者进行了整合，并由此发展出自己的早期发展和治疗理念。这种整合在我看来非常有价值。事实上在英国，当代克莱因理论和温尼科特等中间学派也在整合。但我还是经常地听到有人说克莱因认为本能是决定性的，而温尼科特认为母亲的养育是第一位的，以这样的方式，这二者被对立起来，就像精神分析圈非常流行的一个迷思——"是冲突还是缺陷"？而Ogden博士的回答是，这两种说法都是不完整的，要把它们加在一起才是完整的。作者这样架构本书的言下之意是，母亲（分析师）既要去理解婴儿（病人）在发展过程中呈现出来的状态背后的内在体验（本书中克莱因的部分），同时也要去理解母亲（分析师）在早期发展中所起的作用（本书中温尼科特的部分），也就是说既要理解心理内容的演化发展，也要理解心理空间的创造、维持和变化。只有理解了这两者的辩证交互作用，才意味着理解了心理发展过程。

除了解读克莱因和温尼科特的理念，提出自己的精神分析发展理论和临床治疗理论之外，本书还有一个很有价值的部分是，作者用自己提出的这些理念来重新解读了一些精神分析的核心概念，从而帮助我们更好地理解精神分析过程。举个例子，在第八章讨论了潜在空间的概念之后，作者提出，共情是发生在他人存在与不存在之间的辩证关系背景中的心理过程。在这个潜在空间中，一个人把玩着成为他人的观念、同时知道自己不是他人。因为知道自己不是他人，所以减少了被困在他人里面、甚至最终失去自己的危险。而投射性认同可以被理解为辩证性潜在空间的坍塌，从而使得互动双方无法灵活地体验个人意义，感觉自己被迫无可避免地只能以某种方式行动。因此，分析师处理投射性认同的过程是致力于重建潜在空间的努力，从而得以重建体验、思考和理解的能力。这样一种对投射性认同和共情的解读，清晰地描述了分析师和被分析者之间的互动过程，帮助分析师理解在投射性认同中发生了什么，怎样可以回到具有共情能力的状态。

关于几个概念的说明和翻译：

Object：这个词在本书中出现频率很高。比如客体关系object relation。客体关系按照字面意义，是指一种主体（自体）和客体（他人）的关系。object这个词翻成中文有多个意思，可以是客体、物体、对象等。需要注意，在本书中，object有两个不同的对应的词，self和subject。在这两种情况下，object的内涵有细微的差别。在self和object配对时，指的是自身和被体验为他者的客体之间的配对。而在subject和object，或者subjective和objective的配对中，更多地是强调主体和不具主体性的（或者作为主体的

对象和目标的）客体的差别。根据作者的理解，自体（self）并不必然具有主体性（subjectivity），比如在偏执—分裂心位的自体就是一种以客体状态存在的自体（self as object）。考虑到本书的主题是讨论客体关系理论，object 在本书中尽可能翻译为客体，但根据上下文需要，偶尔也会翻译为物体、对象等。

Ego 和 *self*：严格来说，ego 是指弗洛伊德拓扑心理结构理论中的概念自我，相对于本我（id）和超我（superego）。在这种语境下，自我（ego）指的是一种心理结构和功能。self 指自体或自身，和客体/他人（object）对应，指人格中被体验为是自己而不是他人的部分。原则上，本书将 self 翻译为自体，而 ego 翻译为自我。但偶尔作者会混用这两个词，即用 ego 来指代 self，这种情况下 ego 会翻译为自体。在第六章讨论内部客体关系的形成过程中，作者认为自我（ego）通过分裂，会形成自体（self）部分和客体（object）部分。

感谢李孟潮老师在百忙之中为全书做了审校。他博学、专业的意见和恳切的帮助，不仅有助于提高这个译本的质量，并且对于第一次翻译心理学专业书籍的我，也是宝贵的学习机会。

感谢 Elise Snyder 女士、严文华老师和彭呈军老师的努力，促成这个专辑的翻译出版。我相信这对于包括我在内的广大心理健康从业人员都是一桩幸事。感谢出版社的彭呈军老师、编辑王叶梅女士以及出版社其他相关同仁在本书出版过程中付出的辛勤劳动。翻译小组前后两任负责人张庆和徐建琴承担了协调沟通的琐碎工作，对于她们的付出，一并表示感谢。

感谢出版社在翻译进度上的包容，让我有充分的时间来完成此书。由于作者思维和行文非常严谨，原书有很多较为复杂的长句，我希望尽可能精准地传递作者的原意，因此个别句子可能读起来会略有些拗口。尽管译者、审校者、编辑都已竭尽所能地希望保证本书的准确和流畅，但疏漏和不足之处肯定在所难免，还请读者多多包涵和指正。

我在翻译本书的过程中也和作者 Ogden 博士取得了联系。他得知我在翻译这本书，欣然同意为这个译本作序。他还鼓励我说，翻译一本书等于是重新写一本书。希望我写的这本书能够对诸位读者有所裨益。

殷一婷
2016 年 10 月 30 日于上海

前言

　　如有可能,本书的形式会是这样——几个主题同时呈现,并处在与彼此间的动态张力中。尽管本书不可避免地以线性形态呈现,我希望自己多少已经捕捉到了,经验中原始和成熟的部分同时并存这一本质——例如,偏执—分裂和抑郁的存在状态之间的辩证关系,以及婴儿经验中同时存在的、既与母亲合一又与母亲分离的这两种状态。我建议,每当我的文字开始将这些观念间的关系描述为线性时,读者就需要在自己的头脑中尝试重新组织这些观念,来保存经验的多个维度是同时并存的这样一种感觉。在这种形式中,一个因素并不是简单地先于或继于另一个因素,而是有不可分离的多个不同因素同时并存,并形成一个不断演化、以丰富对方的方式相互否定的关系。

托马斯 · H · 奥格登

于加州旧金山

1989 年 9 月 10 日

致谢

我要对我的妻子 Sandra 表示感谢,她的洞见帮助我发展出这些观念,对我写作本书具有重大贡献。

与 James Grotstein 博士的临床与理论讨论,构成了本书中呈现的许多理念的重要背景。亦师亦友的他所给予我的温暖与慷慨,令我获益至深。

我还要感谢 Bryce Boyer 博士,他教给我关于治疗严重困扰病人所需要的艺术、纪律和勇气。那些我和他一起执教的研讨会,是我莫大的乐趣来源。

正如在本书展开过程中将会逐渐清晰的那样,我相信观念是辩证性地形成和发展的。我也获益于和我一起工作的被督导者们,以及我带领的各类客体关系理论研讨会的成员们,他们帮助我创造出一系列饶有成效的对话,正是这些对话使得本章讨论的这些观念逐渐成形。

第一章 精神分析对话

> 我们和垂死者共死:
>
> 看,他们出发了,让我们紧随。
>
> 我们与亡灵同生:
>
> 看,他们回来了,把我们带走。
>
> ——T·S·艾略特,四重奏

本书的写作是一种致力于提供解释的行动。不同的精神分析理论取向就像是不同的语言。尽管不同语言的书面文本在语义内容上有很大程度的重叠,但每种语言都创造出一些独特的、不能由其他任何以口头或书面形式存在的语言产生的意义。解释者不仅是被动地将信息从一个人传递给另一个人,更是对意义主动地进行保存和创造,并挽回异化的部分。解释者正是以这种方式守护了人类交流的丰富性。

精神分析,无论是作为一种治疗手段还是作为一套观念,都是以主体间对话的形式发展起来的,对话中每个主体都同时对自己和他人的产物进行解释。以作为一种理论(或者更准确地说是一系列理论)的精神分析来说,每篇重要作品都对某一理论或临床问题提供了一定程度的解答,与此同时也制造了新的认识论困境。后续作品不会再讨论前期作品已经处理过的问题,因为那个问题已然不复存在;它已经被前期作品永久地改变了。越是意义重大的作品,对认识论问题造成的改变就越是剧烈(也越是有趣)。

英国客体关系理论包含了一组多样化的关于精神分析理论的作品,并改变了当前精神分析考量的认识论问题的特征。本书将对英国(客体关系)学派著作中提出的几个核心概念进行讨论,这些概念主要来自于梅兰妮·克莱因(Melanie Klein)和唐纳德·温尼科特(Donald Winnicott),其次也来自于罗纳德·费尔贝恩(Ronald Fairbairn)以及威尔弗莱德·比昂(WilfredBion)。我无意对这些分析师的作品进行详查或综述,我的目标是进行阐述、评论和解释,并在此过程中形成新的精神分析性的理解。我固然会讨论来自这些英国学派成员提出的单个概念和概念群,但我更希望能够在一定程度上传达——在这些概念中得以从中发展出来的那种具有异乎寻常创造力的对话之下——内涵思想的变迁。我将集中讨论关于这些精神分析对话的作品,创作于 1925 年至 1970 年代早期。这段对话已经过去,我在此并无意历史性地重构这段对话。我对克莱因、温尼科特、费尔贝恩和比昂等人思想的演绎,并非是为了复制这些分析师的思考过程,因为进行这些对话从而得以产生这些作品的那个时刻已经过去。在当下能够保持鲜活的,唯有我们自己作解释的能力,这才是我努力的目标。

在(分析师和接受分析者之间的)分析性谈话以及在(精神分析思想者之间的)精神分析论述二者中①,每一个作解释的行动在保存了原有内容(经验或概念)的同时,也生成了关于自我和他人的新的意义和理解。除非原有内容通过语言,在意识和潜意识的记忆中得以保存下来,否则我们将被困在一个永无止境的当下,对这个当下,我们既无法反思也不能从中学习。无论是对于分析师和病人之间的分析性谈话,还是对于精神分析思想者之间的分析性论述,对部分内容的隔离将导致个体或文化的自我异化。并不是过去的一部分消失了,这是不可能发生的,因为过去是不可改变的。然而我们却可能将自己与我们的历史隔离。历史与过去的不同之处在于,过去仅仅是一系列事件的集合,而历史则是一种创造,它反映了我们对过去的意识和潜意识的记忆、个人和集体的演绎、歪曲以及解释。将我们自己从发生在我们之前的对话的历史,也可以说是创造了当下的我们的历史中隔离,会导致我们变得较不能够充分地通过我们创造的象征符号、意义、概念、感受、艺术以及著作,来认识和理解我们自己。我们将自己从对话中的一部分隔离出去的程度有多深,我们就有多僵死,因为在此程度上,我们不再为自己而存在(比如,进行自我反思)。临床精神分析的主要目标之一是逐渐地重新获得已经被自我异化的个人经验,也就是那些从心灵内和人际间对话中被隔离出去的经验,这个过程允许接受分析者更充分地认识和理解自己现在的样子和将要成为的样子。在异化的部分得以挽回之后,接受分析者能够作为一个主体的有历史的人类个体更充分地活着。他变得更有能力投入更充分的(更少自我异化的)心灵内和人际间对

---

① 作者在此区分了发生在分析师和接受分析者之间的分析性谈话(analytic dialogue between analyst and analysand),以及发生精神思想者之间的精神分析论述(psychoanalytic discourse among analytic thinkers)。但是作者认为二者没有本质区别,都是一种精神分析性对话。在本书其他地方,作者没有刻意区分二者,因此统一翻译为精神分析性对话。——译者注

话。他变得更少害怕自己原先隔离出去的部分,从而在一定程度上变得更为自由。

我写作本书的目的是,通过对克莱因、温尼科特、费尔贝恩和比昂提出的概念作出我自己的解释,来为挽回异化出力。在此之前,这些分析师的作品在很大程度上被从全世界的精神分析对话中隔离了出去,这导致了精神分析思想因为自我异化而变得贫瘠[参见 Jacoby (1983)关于美国精神分析界过去四十年脱离历史的特性的讨论]。

本书的第一部分对克莱因著作中的一些方面重新作出了解释。在关于克莱因的第一个章节(本书第二章)中,我研究了克莱因关于"幻想"(phantasy)的理论构想,我把这个研究用作载体,来探索作为一种关于意义的理论的精神分析本能理论。我将提出,乔姆斯基(Chomsky)的"语言深层结构"(linguistic deep structure)概念对于理解克莱因"观念的物种遗传"(phylogenetic inheritance of ideas)概念提供了一个有用的类比。本能理论不应被视为关于遗传和先天形成的观念的理论,而是一种关于先天编码组织方式(根据与生本能或死本能的关联)的理论,基于这种编码组织方式,人类以一种在很大程度上被预先决定了的方式,来对感知进行组织,对经验进行赋义。

对克莱因本能理论的重新解释,是为了对弗洛伊德本能理论的重大意义提供一种全新的解读。弗洛伊德的作品并不是静态的文本,而是在后人的对话中不断演变和转化的一套理念。我们理所当然地认为,不理解弗洛伊德就无法理解克莱因;同样地,我认为,不理解克莱因就无法完全理解弗洛伊德。弗洛伊德已经意识到,他的作品的涵义比他自己已经认识的更多。因此,他很少修订他的早期论文,而是让这些论文保留原样,但是以对原文加脚注的形式,把他后面发展出的观念添加上去。他希望通过这种方式,来避免不经意间模糊了早先版本中蕴含的真相,他担心随着他思想的发展,有可能丢失这些真相。

克莱因的理论对原始心灵内容的本质作出了大量的细致论述,但是克莱因思想的这个最外显的层面常常掩盖了其内隐理论,即生物结构是组织心理观念和情感内容的容器。在第三、四、五章中,我将克莱因的偏执—分裂心位和抑郁心位的理念解释为关于存在状态的理念。进入这些心位标志着:从纯粹的生理体验向心理体验(偏执—分裂心位)的转变,以及从不具人格的心理体验向主体体验(抑郁心位)的转变。与每种心位分别相关联的独特的存在状态,作为持续存在的基本成分(以一种辩证的相互作用的方式,这种相互作用类似于意识与潜意识心灵之间的相互作用,不过并非按照是否有意识这一维度来区分),共同构成了所有后续发展出来的心理状态。

在第五章,我提供了一系列临床片段,主要关注这样一类病人——和他们的工作

5

涉及到,从以偏执—分裂心位占主导的经验组织模式,向抑郁心位的经验组织模式的转变。治疗师能够识别和理解这种转变的性质,在临床上是至关重要的,因为治疗师对病人经验组织模式的这种转变的理解,将极大地影响他进行倾听和干预的方式,以及他会怎样去理解病人对干预的反应。

在第六章,我将在弗洛伊德、亚伯拉罕、克莱因、温尼科特、费尔贝恩和比昂等人的著作中,追踪内部客体关系这个概念的发展。费尔贝恩对弗洛伊德和克莱因理念的修订,构成了对客体关系理论发展的一个关键性推进。我在本章中提出,内部客体关系可以被看作是配对的、分裂的、压抑的多个自我部分之间的关系。这些配对的自我部分(内部客体关系),不应被简单地视为自体和客体表征,而应被视为人格中配对的子组织,这些子组织有能力在一定程度上自主地生成经验。

在容器和所容物之间、心理—人际空间和它的心理内容之间,存在着一对辩证关系。前面这些对内部客体关系概念的讨论,代表了对这对辩证关系中的一个方面(即对象或内容方面)的探索。于是,本章也为研读温尼科特的著作做好了准备,他的著作致力于研究这个辩证配对的另一方面,即容器的方面。

在最后三章中,我致力于阐述、解释和扩展温尼科特著作中的一些方面,包括他关于"母—婴"(mother-infant)①作为统一体进行发展的概念。弗洛伊德和克莱因的著作都关注心理内容、功能和结构的本质,及其在心灵内和人际间(比如以移情的形式)的显现。而温尼科特将精神分析探索的领域扩展到对空间的发展进行研究,这里的空间是指心理内容、功能、结构以及人际关系得以在其中存在的那个空间。

第八章和第九章通过讨论现实与幻想、我与非我、象征符号和象征所指等一系列的辩证关系,对温尼科特的"潜在空间"概念进行了探讨,这些辩证配对中的每一极,都创造、保存和否定了相对的另一极。这个概念可能是温尼科特在精神分析领域最重要的贡献,同时也是他最晦涩难懂的概念。潜在空间在起初并不是一个心灵内部空间,因为在婴儿早期,个体化的心灵还不存在;然而,从一开始就存在着一个由母亲和婴儿共同创造的人际空间。正是在这个空间中,婴儿个体"开始存在"(温尼科特,1967a),并得以在日后学习游戏、做梦、工作,并创造和解释他自己的象征符号。在创造或维持这个辩证过程方面的失败,将导致各种形式的心理病理,包括将自己的想法、感受和觉

---

① 母—婴,原文是 mother-infant,用连字符将两个词组成一个新词,表示不可分割的作为一体的母—婴单元,在译文中统一采用"母—婴",以区别于母婴,在中文里表达的是分开的母亲和婴儿这二者。——译者注

知体验为物自身①(things-in-themselves)、想象力的丧失、恋物式的客体使用以及无法对经验赋予意义等。

从构成客体关系理论的这些对话中，发展出了关于心理内容的精神分析概念化的一些重要贡献[如客体的前概念(心理深层结构)、内部客体关系、对客体的外在性的发现等理论构想]。此外，从这部分精神分析对话中，还发展出了这样一种理解，即心理内容存在于一个心理空间中，这个空间在起初几乎完全是人际间的，日后才逐渐发展为一种个人内部环境。正是我们的心理内容以及这些内容栖居其中的个人内与人际间的心理空间二者的辩证相互作用，构成了心灵的母体。

---

① 物自身：things-in-themselves,德国古典哲学家康德哲学的一个基本概念。又译"物自体"或"自在之物"。指认识之外的，而又绝对不可认识的存在之物。它是现象的基础，人们承认可以认识现象，必然要承认作为现象的基础的物自身的存在。在本书中，用这个词主要是强调，在原始体验中因无主体非人格而无法对体验进行解释和赋予意义的"它"的存在状态。——译者注

第二章　克莱因著作中的本能、幻想和
　　　　心理深层结构

> 如果你用精神分析治疗儿童，那你应该认识一下梅兰妮·克莱因……她说的或许对，或许不对，这需要你自己去发现，因为她教的东西是你无法在我和你的分析中获得的。
>
> ——詹姆斯·斯特雷奇，写给被分析者唐纳德·温尼科特的通讯

虽然全世界的分析师中有相当一部分是克莱因派分析师，但是，对梅兰妮·克莱因著作的严肃思考，并未成为形成美国精神分析思想的对话中的重要部分。有太多的时候，当考虑克莱因的理论时，它只是被快速地审查，并因为她理论中这个或那个"站不住脚"的理念而立刻被扔到一边，这些理念可能是她关于死本能概念、发展时间表或者是关于治疗技术的理论。

尽管我并非克莱因派分析师，并且对她著作的很多方面都持有深度异议，但是，在此我希望，以另一种视角来呈现克莱因的思想，据此读者或可理解，其理念何以对美国以外的精神分析思想的发展产生了重大影响。克莱因对英国客体关系理论的发展有着尤为重要的影响，这种影响不仅在于其他分析师对其理念的接受，而且同样重要的是，在于他们对其理念的驳斥。温尼科特、费尔贝恩、刚特里普以及巴林特等人的著作，在很大程度上都需要被理解为对克莱因理论的回应。克莱因的理念以及反对这些理念的回应，构成了促成客体关系理论发展的对话的很大一部分。如果一个人从来不曾拥抱克莱因的理念，哪怕仅仅是片刻，那他将无法理解这段对话的动力。为了超越克莱因派的理论，我们首先必须要理解它。

幻想的概念

要讨论克莱因,必须从"幻想"(phantasy①)这一概念开始,因为在她的理论构想中,这是心灵—身体系统的枢纽。幻想对克莱因(1952a)来说,是本能的心理表征。本能本身是一个生物性实体,因此幻想是生物性的心理表征。本能必须经历某种形式的转化,才能生成"心理结果"(mental corollaries)(Isaacs, 1952),也就是幻想。负责这种转化的心理功能单元是本我。本能作为生物特性的一部分,是与生俱来的,而本我也从婴儿出生开始,就执行着这种转化功能。新生婴儿的世界,在起初是身体的世界,幻想代表了婴儿试图将躯体事件转化为心理形式的努力。即便在成人以后,幻想也从未失去与身体的联系。幻想的内容最终总是可以追溯到与这个人自己的身体运作过程及内容相关的想法和感受,而这些部分又总是处于和他人的身体运作过程及内容的关系中。

弗洛伊德(1905)将本能定义为"(身体发出的)需求信息,等待心灵对其进行加工"(p.168),而克莱因的本能概念是对这一定义的推衍。克莱因认为,身体的"需求"内含信息编码,作为接收者的心灵(尤其是本我),会将这些编码转化为包含特定内容的心理现象。

通过本能的运作,一个人先天体质的很大一部分得以在心理水平上呈现。那么这是否意味着,婴儿通过遗传继承而拥有了一些想法,并且从生命之初就能够思考这些想法呢? 这样的心理理论显然是站不住脚的。不幸的是,恰恰是在这一点上,克莱因的理论常常被斥为荒谬。面对基于"婴儿生来就具有想法而不需要从经验中获得"的这种假设而发展出来的一个理论,并且这个理论还认为婴儿出生时就能够思考,而根据皮亚杰的研究,这种能力直到很久以后才可能得以发展出来,很多分析师都很难看到这样的理论有多少价值。但是,在仅仅根据这些就抛弃克莱因的整个思想体系之前,我们不妨来仔细听一听克莱因派分析师的话语,看看这些乍看起来明显站不住脚

---

① 英国分析师,尤其是克莱因派分析师,倾向于使用"ph"来拼写幻想这个词(phantasy)。Isaacs(1952)认为,"ph"的拼写更多地暗含了这个概念的潜意识维度,而使用"f"拼写的幻想(fantasy)应该用来指代这类心理活动中更偏意识层面的白日梦一类的内容。非克莱因派的美国分析师从未采用这种区分。虽然Strachey(弗洛伊德全集英译)在标准版中全部采用了"ph"拼写的"幻想",美国分析师依然只使用"f"的拼写。在本书中,我将根据我们正在讨论的分析师所采用的拼写,来决定我的拼写。

的观点,是否有可能在某些方面具有意义。

Isaacs(1952)在她关于幻想的经典论文中写道:

> 有人认为,在儿童获得了意识层面的知识,从而能够理解将一个人撕成碎片意味着杀死他/她之前,"(将乳房)撕成碎片"这样的潜意识幻想是不会出现在儿童内心的。这种观点与实际情况不符。它忽略了这样一个事实,即这种知识先天地存在于作为本能载体的身体冲动、本能所指向的目标以及感官(在这个例子中是嘴巴)兴奋之中。
>
> 婴儿要能够幻想自己狂热的冲动会摧毁乳房,并不需要在现实中看见客体被吃掉或被摧毁,才得出结论说自己也能做到。这个目标以及与客体的这种关系,先天地存在于这个冲动本身的特性和方向以及相关的情感之中。(pp. 93 - 94)

Isaacs 在此提出了这样一个理念:把客体撕成碎片并不是习得的,而是先天地存在于本能的目标中。克莱因持有同样的观点,她把婴儿在接触到乳房之前就拥有关于乳房的知识,归结为"物种遗传"(phylogenetic inheritance)(1952a, p. 117 fn.)。克莱因派分析师通过以这种方式来构想本能,扩展了弗洛伊德(1905,1915a)对目标这一概念的最初用法,即本能的目标是释放张力。Isaacs 的说法与弗洛伊德的并不冲突,但更进了一步,她声称,本能的目标在任何一个特定的情境中,都具有特定类型的客体关系,并且这种关系中包括了特定品质的情感和观念,这些品质并不取决于现实中与客体相关的经验。

心理深层结构

如果婴儿不是生而具有想法,他要获得这种关于客体的"知识"而又不是通过经验,那么这些知识是从哪里来的呢? 克莱因派除了提出"物种遗传"(克莱因,1952c)这一概念之外,并未对此提供更明确的答案。但我相信,答案也许可以通过由乔姆斯基(1957,1968)的"语言深层结构"概念类推而得到。婴儿出生时并不会法语、英语、俄语或其他任何一种语言。但在寻常的环境和天赋下,每个婴儿都学会了至少一种当今存在的语言。乔姆斯基认为,如果不是预先存在一个系统,让人可以据此对自己所处环境中的各种声音进行选择和组织,一个人是不可能推演和运作一门语言的语法结构的。乔姆斯基将这个系统、这种编码称为"语言深层结构"。个体不需要也不能够创造出一种语法。在婴儿的感知、认知和运动装置的功能模式中,先天地携带着一种编码,这种编码决定了他将以某种特定的方式来组织感官数据并赋予语言上的意义。换句话说,婴儿将按照先天编码所决定的方式来组织听觉刺激。

乔姆斯基的深层结构概念中蕴含的假设是:人类并不是随机地组织经验。没有什么东西会被感知为是完全新鲜的,新鲜的意思是说,不存在任何用来组织感知到的内容的前概念、预先存在的范式或系统。我们无法以绝对全新的方式从零开始生成意 *14* 义。根据先天结构来加工经验的类似理论,也在其他领域发展了出来,包括罗曼·雅各布森(Roman Jakobson)和索绪尔(de Saussure)在语言学领域、列维-斯特劳斯(Levi-Strauss)在人类学领域以及皮亚杰(Jean Piaget)在发展心理学领域等。

关于用于组织感知的先天系统,让我们先来看一个基本的例子。人类对色彩的感知,不只是被动地接收感官数据,然后将这些数据转化为视觉体验这样一个过程。三原色被感知为离散的可区分的组群,是一个人根据预先存在的图式,将波长连续的光谱中的特定部分组织成组群的结果(Bornstein,1975)。对于我们命名为各种颜色的波长的分组,是主观任意的,但同时在人类中又是普遍一致的,这是我们对波长连续的光谱(其中每种光波的波长都与相邻的光波波长相差一个固定数量的能量)按某种方式进行组织的结果。我们每个人之所以都按照完全一致的方式来划分光谱(只要不存在色盲的情况),是因为我们都用一种预先存在的生物学图式来组织我们的感知。

类似地,我们将语音组织成音素(构成单词的基本语音单元)的过程,并不仅仅是对外界存在的序列的被动接收。比如,对音素"ba"和"pa"的区分,并不是基于外界刺激自身的特性,而是基于我们组织外界刺激的内部系统。人类没有能力感知到,在这两个音素之间还存在其他任何的语音(Eimas,1975)。

基于先天体质决定的感知组织模式,婴儿会优先识别出构成人脸的那种特定的形状和明暗(Stern,1983)。同样地,我们将视觉数据组织成组群(在这里,是形状和明 *15* 暗)的方式,不是我们个人的创造,而是全人类所共有的一套感知组织系统的产物。

组织经验的先天模式可以被视为类似于生物本能的东西。小鸡具有一套用于对刺激进行组织和响应的先天编码,这套编码是先于任何现实经验而存在的。即便以前从未在现实经验中遭遇过来自天敌的危险,小鸡也会一看到天敌扇动翅膀的模式,就急忙逃跑寻求掩蔽(Lorenz,1937;Tinbergen,1957)。

从现实经验是基于先天编码或模板来进行组织的这一概念的视角来看,我们可以把克莱因派的理念——与生俱来的"知识……先天地存在于身体冲动之中"（Isaacs，1952，p.94）——理解为，它指的不是先天的想法（inherited thoughts），而是作为本能中不可分割的一部分的生物学编码。婴儿并不是生而具有诸如撕碎乳房这样的知识或幻想，而是具有一种强有力的先天倾向，沿着特定的线路组织经验，并为其赋予意义。是否这种预先决定的线路，就是克莱因当时提出的理念，这在很大程度上还是未知数。不过，将本能构想为心理深层结构，似乎是对精神分析本能理论的必要补充（Grotstein，1985；Ogden，1985）。［参见 Samuels，1983，将类似的理念"知识的遗传"（inheritance of knowledge）用于理解荣格（Jung）的原型概念。］

前概念及其实现

在生命之初，幻想是婴儿对经验的解释（我在后文会讨论，克莱因对婴儿在生命发展初期的经验，所赋予的象征化形式以及主体性程度）。在一个特定的时刻，哪一种幻想比其他的幻想对婴儿更有力，取决于婴儿的先天体质和实际经验二者之间的交互作用。克莱因显然更强调前者："我认为，自我的强度——体现为两种本能之间的交融状态——是由先天体质决定的。"（克莱因，1958，pp. 238 - 239）

我将采用类似于语言深层结构的编码这一范式，重新表述克莱因的理念：很大程度上是由先天体质决定的生本能和死本能[1]，是决定婴儿采用何种编码来解释自己经验的主要因素。根据死本能来进行解释的经验将被赋予攻击和危险等含义[2]，而根据生本能来进行组织的经验将被赋予滋养和爱的意义。

和真实母亲相处的经验起着重要作用，但只是次要的：

---

[1] 对克莱因的生本能和死本能概念作详尽的探索，超出了我们当前讨论的范围。非常粗略地说，与生本能相关的心理内容包括爱、性、滋养、寻求依恋和生殖等力量，而与死本能相关的心理内容则包括破坏、去整合、嫉羡以及敌对等力量。在生命之初，婴儿体验到一种源自死本能的弥散性的内部危险。这种"无名的恐惧感"（比昂，1962a）是通过分裂和投射性认同进行防御的结果，使得一个具有迫害性客体的世界建立起来，并且与好客体分裂开来。我们将在第三章中，对这个早期阶段的心理组织形式（偏执—分裂心位）中所涉及到的心理活动的性质进行讨论。

[2] Grotstein（1985）在比昂著作的基础上提出：死本能既不应被理解为装满破坏性冲动的大汽锅（克莱因，1952c），也不应被理解为熵的心理相关物（弗洛伊德，1920），而是应该被理解为与生俱来的图式系统，其功能是使个体适应潜在的危险。他认为婴儿先天具有一套前概念，使之能够根据某一类天敌可能带来的危险来解释经验。在这里，他将死本能构想为潜意识的自我防御，以及许多执行着搜索和管理内部与外部危险的功能的原始的自发性的自我功能的源头。

自我的力量能够在多大程度上得以维持和增强，部分地受到外部因素的影响，尤其是母亲对婴儿的态度。然而，即便在生本能和爱的能力占据主导地位的情况下，破坏性冲动依然会向外偏转，促使迫害性的危险客体被婴儿创造出来，并被再内摄。（克莱因，1958，p. 239）

真实经验可能支持某种组织经验的本能模式，但并不能创造出这种用于解释经验的模式。例如，持续的剥夺，将导致对基于死本能的解释赋予强烈的情绪。真实的剥夺将使婴儿确认，将客体体验为是危险的这种他内部已然准备好的解释。危险的感觉并不是被剥夺体验创造出来的；真实的危险仅仅是确认了婴儿对这种危险存在的预期。而且，这种对危险的预期，并不会因为现实中的危险不存在就完全停止。即便一个人现实中的经验是好的，他依然会继续沿着与死本能相关的编码所决定的线路来解释经验："一个儿童即便是与母亲有着爱的关系，他依然会潜意识地抱有一种担心被她吞噬、撕裂或毁灭的恐惧。"（克莱因，1963b，p. 277）

克莱因的理论将本能构想为是由生物性决定的组织，这个组织利用真实经验来将"前概念"及其"实现"联系起来（比昂，1962b）。例如，危险这个前概念，将会与在现实中可能被体验为危险的部分联系起来。不过，前概念并不是概念，而是一种成为概念的潜力。唯有在前概念与现实联系起来的时候，一个概念（想法）才得以产生。

弗洛伊德关于"知识的遗传性"的理论构想

我把克莱因的通过物种遗传获得的"知识"这一概念［比昂称之为"前概念"（1962a）］，理解为是对弗洛伊德在心理学上的两大基本贡献中的第二贡献（按照时间排序）的自然发展。弗洛伊德的第一贡献是提出了潜意识心灵的概念，即一个人拥有自己所没有意识到的想法、感受、动机等，而这些不在意识中的部分，却对一个人外显可观察的想法、感受和行为有着重大影响。他的第二贡献是关于性意义的理论。我认为，近些年来，精神分析理论的这第二块奠基石的重大意义，已经在很大程度上被弄丢了。弗洛伊德不仅宣称性的欲望是极为强大的人类动力，他还认为性的欲望从人一出生就存在。（这些是弗洛伊德的性欲理论通常被理解和认识的内容，但我不认为这是弗洛伊德性欲理论的核心意义之所在。）

弗洛伊德的理念中，更为激进得多的部分是，他认为一切人类动机、一切人类心理病理、一切人类文化成就以及一切人类行为，都能从性意义的视角来理解[1]。从这个角度来说，性本能不仅是一种力量、一种冲动、一种欲望，它还是人类创造意义的载体。换句话说，弗洛伊德提议，我们不应仅仅把性本能理解为性愿望和性冲动的产生。在远比这广阔得多的意义上，他暗示说，人类根据性意义来对一切感知进行解释，并由此创造经验。个体通过性意义系统这个透镜，来对自己感知到的内部和外部信息赋予意义。再用一个隐喻，性本能就好比是使得人类能够将感官数据原材料翻译成富含意义的体验的罗赛达石（Rosetta stone）[2]（参见 Greenberg 和 Mitchell，1983，从不同角度对这一理念的讨论）。

弗洛伊德的心理发展理论建立在这样一种理念之上：人类对特定的意义组群（包括各个发展阶段特定的危险）具有先天的预期，这种预期并不取决于真实经验[3]。例如，人类普遍存在的阉割焦虑并不仅仅是环境因素的产物；事实上，对于这种特定形式的身体损坏的先天预期经验，只是起到了触发作用。而且，俄狄浦斯情结作为一个整体，被弗洛伊德理解为，是人类普遍存在的一种对经验进行组织和响应的模式，而不仅仅是儿童针对家庭环境中的某个特征的响应。在这里，我们再一次面对弗洛伊德的大胆设想：他不仅提议一切人类经验都能从性意义的角度来进行理解，他还提出俄狄浦斯情结是这些意义（最终在本质上是性意义）据以组织的一个主要原则。我们简直难以想象，弗洛伊德在此将自己置于多么巨大的挑战之中，他试图识别出一个所有人类意义据以创造的单一系统，一个所有原始感官材料通过其过滤、组织并被赋予意义的单一透镜。至于为何弗洛伊德把性欲理论和俄狄浦斯情结作为这个解决方案，这依然是个谜。

弗洛伊德认为，物种遗传是人类具有生成普遍一致的性意义组群能力的基础：

> 对这些（普遍存在的性）幻想的需要以及构成这些幻想的材料从何而来？毫

---

[1] 从弗洛伊德（1905）提出本能概念的时候起，他就认为伴随性本能的，还有第二种本能（他一开始认为是自我本能，在 1920 年之后，他认为这第二种本能是死本能）。因此，弗洛伊德认为，从本能衍生出来的心理含义并不仅限于性欲。不过，以弗洛伊德对神经症的理论构想为例，我们可以看到，他关于本能衍生的意义的理论，集中在关于性意义的理论。

[2] 罗赛达石，Rosetta stone，是于 1799 年在埃及尼罗河口的罗塞达发现的一块石板，上刻埃及象形文字、通俗字和希腊文，从而成为解读埃及文字的钥匙。——译者注

[3] 弗洛伊德时常强调，先天的由物种遗传因素决定的模式，比真实经验更为重要，这是毫无疑问的。他说："当经验与遗传获得的图式不符时，这些经验会在想象中被改造。"（弗洛伊德，1918，p. 119）

无疑问，它们来源于本能；但为何人类在各种不同的场景下，创造出了包含同样内容的同类幻想，这依然有待解释。对此，我准备了一个读者可能会觉得过于大胆的解释。我相信这些原初（primal）幻想（我想用这个词来指代这些幻想），与少数几种其他的幻想一样，来自于物种遗传。在这里，当个体自己的经验尚未成形之时，他超越了己身经验，进入远古的经验。我认为，所有那些在今天的分析中被当作幻想来向我们讲述的事情——对儿童的引诱，看到父母性交燃起的性兴奋，阉割威胁（或者阉割本身），等等——很可能在远古时代的人类家族中都曾真正发生过，儿童们只不过是在其幻想中，用史前时期的真相填补了个人真相中的空白。这使我不断地怀疑：神经症病患的内心储存最多的，不是别的，正是人类发展的历史遗迹。（弗洛伊德，1916－1917，pp. 370－371）

从这个角度来看，克莱因并未显著偏离弗洛伊德对知识的"遗传性"的构想；她将弗洛伊德的先天预备性（inherent readiness）这一概念，扩展到以特定的方式组织经验，并延伸到前俄期经验。她尤其关注发展的口欲期、肛欲期以及性欲早期阶段所特有的前概念形式。当 Isaacs(1952)提出，将婴儿关于乳房的知识以及他想要撕碎乳房的愿望，理解为是先天地存在于本能之中时，她将弗洛伊德在心理学领域的一项革命性贡献之中所蕴含的核心原则——本能所具有的潜力，在人类为经验赋予意义方面，起到了类似罗赛达石的作用——演绎和扩展到了本能发展的早期阶段。

克莱因认为，那些基于不同的家庭、文化和时代而有着显著差异的现实经验，提供了原材料，这些材料被按照在很大程度上由本能的内在编码预先决定的方式来进行组织。用语言深层结构来类比，各种各样的音素材料（现实的口头语中所包含的语音）将提供足够的"刺激"，供婴儿将语言中的语音单元，感知和组织为一个包含特定语言的句法和语义结构的系统。与父母的互动，包括暴露在讲这门语言的环境中，对于学会这门语言是必要的，但并不是婴儿获得构造语法的方法这种特定信息的来源。事实上，现实经验触发了一系列先天功能，感知到的语音是基于这些功能来进行组织的。

根据上文提到的行为学上的类比，母鸡并不教小鸡关于天敌扇动翅膀的模式的细节，它也不向它们示范在识别出天敌之后所需采取的适应性的战斗或逃跑的反应。事实上，母鸡保护小鸡的母性行为，存在于小鸡由生物基因决定的成长过程中，包括复杂的高度分化的本能响应模式，比如，区分天敌和非天敌的能力，以及对二者分别以特定的方式作出响应的能力。

鲍比(Bowlby，1969)关于先天的依恋和分离的行为模式的理解，和我上文概述的心理深层结构概念有关，尽管不完全一致。Bowlby的关注点，不在于沿着特定的线路对意义在心理上进行组织，而在于环境与内在行为系统之间的交互作用：

依恋行为……被认为对个体自身具有特定的生物学功能……依恋行为是指，当某些特定的行为系统(behavioral systems)被激活时出现的行为。这些行为系统本身被认为是在婴儿内部发展起来的，是他与进化环境交互作用，尤其是与环境中最重要的人物也即母亲之间的互动的结果(pp. 179‑180)。

鲍比的理论与心理深层结构概念的相似之处在于：他关注依恋和分离行为中，非经学习获得的"超个人"(supra-individual)的因素。不过，与精神分析性的心理深层结构概念不同的是，他研究的是行为模式(patterns of behavior)，而不是生成和组织意义的系统。

早期幻想活动的象征化形式

到目前为止，我们把早期心理生活发展的两个方面先放在了一边，以便专注于理解"知识的物种遗传"发生的过程。现在，让我们来关注，婴儿是怎样体验早期心理内容(原始幻想)的。我们要问的问题是：对克莱因来说，婴儿采用的象征化形式是怎样的(如词语、视觉图像、身体感觉等)？婴儿在多大程度拥有主体感？

首先我想要谈谈，克莱因的理念中，早期幻想活动中所涉及的象征化形式，这不同于象征化模式。(我们将在后文中讨论，在偏执—分裂心位涉及的象征化模式，即象征性等同。)如果我们将克莱因的早期发展理论理解为，她认为婴儿在进行一种类似于成人幻想的象征性心理活动，只是在内容的原始程度上和成人幻想有所不同，那么我们难免会对她的理论感到怀疑。我们常常听到这样的说法：在克莱因派的设想中，婴儿在其象征化能力(尤其是在语言上)发展到进行幻想所要求具备的程度的很久之前，就具有了进行幻想的能力。这种批评是由于对克莱因的幻想概念理解不充分所致的。克莱因派的分析师们并不将幻想概念局限于以视觉或语言符号的形式进行的幻想："在起初，愿望和幻想的全部重量都是由身体感觉和情绪感受所承担的"。(Isaacs，1952，p. 92)

要理解克莱因派关于早期幻想活动的理论,我们不要忘记一点,克莱因派的著作需要用语言来描述早期幻想,因此这种描述和现实中前语言期的婴儿幻想仅仅是间接相关。婴儿并不能用语言的形式来思考:

> 成人将身体和心灵体验当作两类分离的体验,这在婴儿的世界里显然是不适用的。对成人来说,观察现实中的吮吸行为,比起回想或理解吮吸对婴儿来说是怎样的体验要容易得多;而对婴儿来说,不存在身体和心灵的两分,只有关于吮吸和幻想的未分化的单一体验。即便是心理体验中那些我们日后能够区分并分别标识为"身体感觉"和"情绪感受"的部分,在生命早期也是无法识别和区分的。身体感觉和情绪感受是从原始的包含吮吸—身体感觉—情绪感受—幻想的整体体验中发展出来的。这个整体体验逐渐分化为体验的各个部分:身体运动、躯体感觉、想象、知晓,等等。(W. C. M. Scott, 1943;Isaacs, 1952, pp. 92-93fn)

要对婴儿的幻想体验有所体会,我们必须尝试一项不可能的任务,即跳出我们作为成人所生活并深陷其中的语言符号系统,想象自己置身于一个非语言的感官体验(包括肌肉和内脏器官的体验)系统中。这个想象练习的一部分是,尝试不用语言思考。尽管对我们成人来说,尝试想象自己处在婴儿的心理状态是极其困难的,但其实婴儿期幻想这个概念一点也不神秘。我们可以认为,成人状态和婴儿状态之间的断裂,部分来自于婴儿所采用的象征化活动的形式和模式与儿童及成人之间的差异。婴儿期幻想无法被直接观察到这一点所带来的理论困境,不会超过根据定义显然无法被观察到的潜意识心灵这一概念本身。与潜意识一样,唯有婴儿期幻想的衍生物才可以被观察到。

早期幻想活动中婴儿的主体性程度和象征化模式

为了直观理解克莱因派关于早期幻想活动的构想的本质,现在我们需要探究,在克莱因派的构想中,在身体体验在幻想中形成表征的过程中,主体与他使用的符号与象征之间的相对位置关系。换句话说,我们需要尝试去理解,在克莱因的构想中,婴儿在自己的想法和身体感觉方面,是怎样体验他自身的。

克莱因并未明确表述,她是怎样看待婴儿对于自己早期部分客体关系的体验的。

下面,我将引述克莱因关于婴儿对理想化和迫害性内部客体的感受的代表性描述:

> 小婴儿的情绪具有极端和强烈的特点。挫败性的(坏)客体被体验为骇人的迫害者,而好乳房则成了"理想的"乳房,应该为贪婪的欲望提供无限制的、即刻的、永久性的满足。于是,对于完美的、永不枯竭的、总是在场并总是能给予满足的乳房的感受被唤起。导致婴儿将好乳房理想化的另一个因素,是强烈的被迫害恐惧,这使得他需要得到保护,以摆脱迫害性客体,从而强化了来自一个全然满足的客体的力量。理想化乳房的出现,是迫害性乳房的必然产物,就理想化衍生于婴儿需被保护以摆脱迫害性客体这一点来说,这是一种对抗焦虑的防御方式。(1952c, p.64)

在上述以及其他许多类似的阐述(例如,可参见 Klein, 1930)中,克莱因留下了一个尚待解决的根本问题:存在具有主体性的自体,在感受对坏客体的恐惧和来自好客体的保护吗?还是说,这只是一个客观事实(不被任何特定主体所体验),即存在着由坏客体施加的危险和相应的对于来自好客体提供的保护的需要?在后一种情况中(事实就这么发生了),不存在主体性的涉入;仅仅出现了感官感受,但却缺乏"我"感,缺乏一种自己作为自己的想法、感受和觉知的观察者和创造者的感觉。

27　　在这里,克莱因使用的语言,带有她通常讨论婴儿期幻想时所具有的特点,即大量采用被动语态来描述婴儿的经验:"坏客体被体验为是……","好乳房倾向于变成……","感受被唤起……",恐惧"制造了"被保护的"需要",理想化客体"衍生于被保护的需要"。克莱因仅仅是通过这些语言的使用方式,间接地暗示了,她将早期婴儿经验构想为非主体性的(也就是说,缺乏"我"的感觉)。

克莱因派分析师们的后续工作[(Bick (1968), Bion (1962a)), Meltzer (1975), Segal (1957), Tustin (1972),以及其他人],在很大程度上倾向于将早期婴儿经验构想为缺乏主体性的。婴儿的想法、感受和觉知,被这些克莱因的继承者们构想为物自身,就这么发生了的事件。婴儿并不将自己体验为具有某种观点或视角。作为自己经验的思考者或解释者的婴儿并不存在。从外部视角来看,婴儿可能以一种偏执的或爱的方式来对自己的觉知进行解释。然而,婴儿在这个早期发展阶段(偏执—分裂心位),并未将自己体验为经验的解释者。存在的是一种作为客体的自体,而不是作为主体的自体。(第三章将对这种存在状态进行详细讨论。)

婴儿的心理能力

现在,让我们再次提出这个问题:是否克莱因派分析师"真的相信",诸如将乳房撕成碎片这样的幻想所涉及的复杂的心理活动,在生命最初的几周或几个月就已经存在了呢?

即便考虑到,在克莱因的构想中,婴儿期幻想并不以语言的形式来进行象征化,也 *28* 并不以发展出比非语言的象征性等同状态更高的象征化能力作为先决条件,并且几乎甚至完全不涉及主体性,这里依然存在着重大的问题。克莱因派分析师怎么能假定,在生命最初几周就存在着相当高级的认知能力呢? 他们怎么能假定,诸如区分内部和外部的能力、在母亲不在场的时候形成母亲表征的能力、区分自体与非自体的能力、区分母亲和其他人的能力等,所有这些能力都能够在生命最初的几周就存在,而皮亚杰已经证明了,这些能力要到很久以后才能被发展出来呢?

我认为克莱因和她早期的圈内人(包括 Isaacs, Riviere, Heimann 和 Rosenfeld)并不拥有回答这些问题所需的资料。Isaacs(1952)援引了发展的连续性这一概念,他说,就如儿童在能够说话之前就已经能听懂语言,在幻想存在的证据通过语言和游戏得以被外显地观察到之前,幻想活动必须已经具有相当高的发展水平。

我认为,基于从 Bower(1977)、Brazelton(1981)、Eimas(1975)、Sander(1975)、Stern(1977)、Trevarthan(1979)等人对新生儿的观察性研究中得出的发展理念,我们今天得以对幻想活动所需的心理能力的发展进行更充分的考量。这些研究资料表明,认知能力的发展,并不仅仅是沿着一个统一的时间序列来对结构进行分化和整合。几乎没有人会去质疑由皮亚杰(1936)如此优雅地阐述的那个发展序列。然而,在皮亚杰对认知发展理解的基础上,发展出了这样一个理念:

> 在有些时候,当婴儿需要运用某些能力,来参与维持生命所需的、与母亲之间 *29* 的早期形式的关系时,如生命最初几天/几周的母婴对话,对这些能力的运用会远远早于预期(参见 Grotstein, 1983;Stern, 1983)。

Stern(1977)提出,婴儿对构成人脸的特定视觉组合有"先天的偏好"。婴儿区分形状和明暗的能力,使得他"不需要通过学习来获得任何特定经验",就能够识别和选择这类组合(Stern, 1977, p. 36)。

研究发现,(婴儿对人脸)特别的兴趣具有生物学基础,因为婴儿对特定种类和数量的刺激具有先天的偏好……眼角呈现的锐角、瞳孔和眼白(巩膜)之间以及眉毛和皮肤之间的明暗对比,都令婴儿格外着迷。在生命之初,婴儿就被"设计"为对人脸感兴趣……(Stern, 1977, p. 36)

婴儿很早就能将母亲的脸从其他人的脸当中识别出来(Brazelton, 1981)。然而,这项认知任务涉及到的对形状和明暗的区分以及再现这些区分的能力,对婴儿来说是不稳定的,也不能一般化到其他领域;并且这些能力要到很久之后,才会在皮亚杰的测试情境中呈现为分化的可观察的认知能力中稳定的一部分。在皮亚杰(1954)提出的客体恒常阶段中,婴儿获得了这样一种能力,能够在无生命的物体不在眼前时,保留它的心理表征。这个阶段的出现不会早于生命第一年的最后三个月。

认知能力并不沿着唯一的时间表来发展,而是和特定的情绪与人际情境高度相关,这样一个模型让我们得以包容这种可能性,即克莱因理论构想中的婴儿期幻想,可能涉及一些不那么稳定并且更受限于情境的认知运作,这些功能运作与皮亚杰描述的那种稳定的认知结构的发展是不同步的。

从近三十年对新生婴儿的观察性研究中得出的另一项相关进展,是婴儿运用不止一种形式的涉及客体的知识。一种形式的知识按顺序逐步发展(即每项认知发展都建立在之前发展步骤的基础上,从而使得心理运作变得越来越复杂);另一种形式的知识则更依赖于直觉,而不依赖于心理功能发展的阶梯式递进。例如,Bower(1971)证明了,在生命最初的几周里,婴儿就有关于物体在时间和空间中存在的连续感。在一组实验中,在20天大的婴儿与一个物体之间放置了一个遮挡屏,当遮挡屏被移开而后面的物体没有再现时,婴儿显示出惊讶。在另一组实验中,8周大的婴儿视野中有一个移动中的物体,当这个物体的移动路径被遮挡屏部分地挡住时,在物体实际出现在被挡住部分的另一端之前,婴儿的眼睛和头部就会移动,显示他期待,物体会在遮挡屏的另一头再次出现。

看起来,即便是非常幼小的婴儿也知道,物体虽然被挡住了,还是在那儿……考虑到婴儿的年龄之小,以及实验情境的新奇性,这样的反应不可能是习得的(Bower, 1971, p. 35)。

这种婴儿早期具有的、事物在时间和空间中存在的连续感,可以被理解为婴儿与生俱来的对客体的"直觉"中很重要的一部分。在8—10个月大、18—22个月大的时候,婴儿的这种客体恒常感(the consolidations of the sense of object permanence)得以整合,显示了更为复杂的、高度结构化和更为稳定的认知成就。然而,这种早期对不在场客体的期待,必须被纳入对克莱因关于"婴儿在生命最初几周,就有能力在母亲不在场的时候再现母亲"这一理论构想的评估。这种对于客体本质的早期直觉,反映了心理深层结构,即组织觉知的先天模式的运作。承认具有先天的经验组织模式,并不意味着我们认为,婴儿有能力进行克莱因构想的那些复杂的心理活动,也不意味着我们认为,这种心理活动的内容正如克莱因假设的那样。

环境的作用

现在,让我们带着克莱因对本能、幻想和前概念的这些理论构想,去思考在克莱因的理念中婴儿与环境的关系。对克莱因(1952c,1957,1958)来说,婴儿在生命之初是自己的心理状态的囚徒,而这时他的心理状态并不被自己体验为是一种心理状态。在起初,婴儿在外部世界中,只能看到他基于前概念(基于先天的经验组织模式来对觉知进行组织)所预期看到的东西。

这些预期可以分为两大类,分别反映了与生本能和死本能相对应的深层结构。克 *32*
莱因认为,死本能相比生本能,会激起更多的焦虑,在生命之初对于婴儿组织经验的方式施加了比生本能强烈得多的影响。克莱因(1952a)认为,死本能激起了危险的感觉,这使得婴儿在按照死本能固有的赋义模式来组织自己的觉知(包括内在身体感觉和对外部客体的觉知)时,带有一种特别的形态。婴儿按照生本能来组织觉知时,则生成了第二种意义系统。被囚禁在自己预期中的婴儿,不能从经验中学习,因为新的经验只能按照这些固有的预期来进行解释。类似的情形也存在于极度偏执的成年病人身上,他基于对危险的预期来体验所有的新关系。极度偏执的病人会将真诚善待他的人看作具有欺骗性,会操纵他并将他置于脆弱的位置。类似地,疑病症的病人将所有身体感受,都依照他对内部危险的妄想性感受来解释。身体检查和实验室化验中得到正常的结果,并不能给他哪怕是一丁点儿的安慰,因为病人会按照自我实现的偏执系统来对这些数据赋予意义和否认意义。

综上所述,克莱因认为,婴儿在最初就创造了自己的现实:"儿童早期的现实完全是幻想性的。"(克莱因,1930,p. 238)我们可以把这种说法部分地理解为,婴儿将内心世界投射到外部客体上(Grotstein, 1980a)。但在这里比投射概念更为基本的理念是,婴儿除了基于自己的先天编码(即生本能和死本能)来为经验赋予意义之外,无法做其他任何事情。

　　那么问题来了：婴儿怎样才能打破前概念的囚禁呢？克莱因理论构想中的婴儿，怎样才能获得从经验中学习的能力呢？克莱因给出的一种回答是，伴随着婴儿生理上的成熟，好的经验逐渐松动了婴儿关于世界是危险的信念：

> 　　当好的经验超过坏的经验而占据优势时，自我获得了这样一种信念：理想客体会胜过迫害性客体，自己的生本能会超过死本能。(Segal，1964，p. 37)

　　然而这个回答并不能令人完全满意；我们会质疑，为何婴儿会相信好的经验，而不是把它当作一种欺骗或诡计而不予考虑。

　　在克莱因设想婴儿如何能够从最初那个封闭的心灵系统中破壳而出时，主要是由先天决定的生本能和死本能同样扮演了重要角色。她认为，如果先天的生本能相对于死本能而言占据主要优势，那么生本能的衍生物将被投射到客体上，这使得理想化的好客体被创造出来，以保护自我对抗迫害性客体。但这并不能解释，婴儿除了依赖理想化的好客体来保护自己免于危险之外，还有能力修改他和坏客体的关系。类似地，偏执的成年病人也不能通过发展出能够保护自己对抗危险的内心警力，以使自己摆脱偏执的封闭系统。

　　好客体和坏客体之间力量平衡的量的转化，并不能解释婴儿对坏客体的体验的质的改变。

　　虽然我认为，上文提到的克莱因的阐述，并不能充分解释婴儿是如何获得从经验中学习的能力，但我觉得，克莱因有一个概念中的隐含之意，能够帮助我们更为深刻地理解这个问题。我指的是投射性认同的概念，这个概念提供了一种方式，来理解婴儿如何能够从自己内部心理世界的封闭系统中破壳而出。由于婴儿将自己的内心世界加诸外部世界之上，他被囚禁着，直到母亲允许自己在一个特定的过程中被使用，在这个过程中母—婴实体被创造出来，这个实体既非婴儿也非母亲，而是二者的产物。虽然在克莱因的构想中仅仅是间接地暗示了这样一种投射性认同的过程①，但我却恰恰认为，正

---

① 克莱因(1946，1955)在关于投射性认同最重要的两处讨论中，主要是把投射性认同看作一个内心的过程，是用作防御由死本能激起的焦虑的一种手段。然而，她举的例子和她使用的语言暗示了，这个过程中包含人际互动的成分。她强调，在投射性认同中，潜意识的内容被投射"进入"(1946，p. 8)客体，而不是投射到客体上。比昂(1962a)将投射性认同的概念发展为容器和所容物之间的关系，其功能不仅是用于防御，而且还是一种交流形式，由此两个个人系统得以改变对方。

是早期发展的这个部分,使婴儿得以超越自己而向前发展(Ogden,1979,1981,1982a)[1]。

我理解,投射性认同使得婴儿(更准确地说,是母—婴实体)能够以一种在品质上与他自己单独所能够采用的任何方式都不同的方式,来处理经验。在投射性认同中,投射者在另一个人身上引出了一种感受状态,这种状态与投射者自己不能体验的某种状态相对应。客体被征募,在投射者的潜意识心理状态的一个外化版本中扮演一个角色。当投射性认同的"接受者"允许被引发的状态在自己这里停留,而不是试图立刻消除这些感受,投射者和接受者的配对就能够按照一种投射者自己单独不能够体验的方式,来体验这些被投射的内容。

投射性认同不仅仅是母亲(作为投射性认同中的接受者)为婴儿(投射者)"代谢"体验,然后以婴儿能够利用的方式返还给他的过程。尽管这是对投射性认同通常的理解,但这种理解的不足之处在于,暗示婴儿的接受能力在这个过程中是保持不变的。如果婴儿在体验自己的感知方面没有发生变化,那他是不能够改变自己预期的,即便他投射出去的内容已经被母亲通过共情性的照料所修改并提供给他。

我认为,在婴儿起初脱离自己内心世界的封闭系统的过程中,以投射性认同的方式参与的母亲所起到的作用,涉及到一种在本质上不同于"代谢"或"处理"这样的概念的心理活动形式。通过投射性认同,母—婴实体有潜质生成某种特定品质的经验。拉康(Lacan,1956b)用"大他者"来指代母亲和婴儿共同创造的这个新的心理实体。能够成功运作投射性认同的母—婴实体,是比单独的母亲或婴儿任何一方都更大的实体,能够生成任何一方单独无法生成的存在品质。

我觉得用术语"处理"和"代谢"来表述投射性认同中接受者的心理活动是误导的;这些术语指代了一种接受者可以不依赖于投射者而独立参与的心理活动;比昂(Bion,1962a)提出的容器和所容物的概念更准确地表述了这种情境。容纳不仅涉及到投射物的改变,还涉及到在创造投射性认同所涉及的这类情感链接的过程中,投射者所发生的改变。

我认为,温尼科特的著作中关于原始母性贯注(1956)、幻象期(1951)以及潜在空

---

[1] 构想出如何从封闭的心理体系走向开放的体系的过程,并不是克莱因发展理论的独特需要。弗洛伊德(1914)认为,婴儿必须从一种"全然自恋"(absolute narcissism)(p. 150)的心理状态,走向后续的客体关系和次生自恋阶段。和克莱因一样,弗洛伊德未曾阐述,婴儿从最初全部心理能量都投注于自身的封闭心理系统中摆脱出来的过程是怎样的,他仅仅是说,本能受挫将现实的压力加诸日渐成熟的婴儿,导致现实原则被发展出来。这种说法解释了发展出开放的心理体系的原动力,但并未说明,促成这种变化的心灵内和人际间的过程。

间(1971)的论述可以理解为对投射性认同概念的扩展。他提出,投射性认同作为一种一元性和两元性(一体的母婴和分开的母亲与婴儿)同时存在的形式,有潜力创造出某种体验形式,它比两个个体各自单独的心理状态所能生成之总和更为丰富。(参见第七章和第八章,对投射性认同的概念与温尼科特的潜在空间概念之间的关系的进一步讨论。)

37 　　基于这种对投射性认同的理解,我们可以认为,克莱因的思想隐含了关于环境的重要性的理论构想,尽管她自己可能并未充分认识到,投射性认同这一概念的这个隐含之意。如果没有母亲作为容纳婴儿的投射性认同的容器,那么婴儿注定只能处于自闭或精神病性的存在状态。比昂(1959,1962a)用"对链接的攻击"(attack on linkage),来指代母亲不能或不愿接受婴儿的投射性认同的情况。这种行为会被婴儿以朝向自我的攻击的形式内化,这种攻击力图破坏思想的联系以及对他人产生的情感链接。比昂(1959)认为,这个过程是导致精神分裂症和其他严重情绪障碍的病原学机制中的核心因素之一。

　　从上文概述的这种理解投射性认同的视角来看,在克莱因提出的关于早期发展的理论构想中,不需要低估环境(即现实中的母亲)的作用,因为母亲是构成投射性认同的母婴双方共享的心理过程的核心参与者。我相信,将以投射性认同的方式组成的母—婴实体看作早期发展的基本心理单元的这种理论构想,相比于克莱因在外显层面上提出的、婴儿有能力在发展过程中超越自己先天的前概念体系的限制,提供了一种更令人满意的解释。

结论

　　克莱因描述早期心理活动性质的尝试,丰富了精神分析理论。围绕克莱因的发展
38 理论,发生了激烈的、甚至很多时候是白热化的争论,这些争论几乎完全集中在幻想等心理活动出现的时间、早期幻想活动的特异性程度、她对这些幻想所赋予的内容中攻击和迫害占据了绝对主导地位,以及这样的理论构想严重偏离了皮亚杰构想的认知能力形成的理论等方面。

　　这些争论,由于其焦点的局限性而模糊了克莱因著作中的许多要点。首先,对任何发展理论来说,它所提出的发展序列以及各个发展阶段之间的相互关系,要比各个事件发生的精确时间点重要得多。如果仅仅基于一份看似站不住脚的发展时间表,就

抛弃克莱因的理论,而不考虑她对早期心理组织的各个发展水平作出的理论修订所具有的潜在价值,那实在是很对不起克莱因理论。①

其次,在讨论克莱因理论时有一种倾向,把她的观点看作只能接受或拒绝的宣言,而不是基于后续理论发展和新的临床与观察数据而有待修订的假设。

当我们将克莱因的理论看作一套有待修改、扩展或被部分抛弃的假设时,我们就能采取这样的态度,即可以基于她理论中的隐含之意(有时甚至连克莱因派分析师们自己,可能也没有意识到他们理念中所具有的某些潜在意义)来进行理论建构。例如,从克莱因关于"客体的知识先天地存在于本能的目标之中"这一理念出发,可以发展出与乔姆斯基的语言深层结构概念类似的心理深层结构的理论构想。对于任何精神分析发展理论来说,这样的构想都是必要的组成部分,而不仅仅是一种试图使得克莱因的物种遗传理念能够站得住脚的努力。此外,投射性认同的概念,经由比昂和其他人的发展,已经成为跨越内部心理和外部人际互动之间的桥梁的概念,尽管克莱因自己只是最低限度地发展了自己思想中的这部分。

第三,把关注点放在克莱因理论中相对明显的一些问题(如早期发展的时间表),模糊了克莱因思想中的其他重大局限。例如,克莱因的发展理论中最为局限的要点之一,即,她将婴儿构想为独立的心理实体,有能力产生愿望或进行防御,并将这些愿望和防御投射到客体上或投射进入客体,这些客体本身也是独立的心理系统。克莱因不仅低估了环境的作用,而且她几乎完全未能将母—婴实体构想成在生命初期承担发展任务的基本心理单元。自相矛盾的是,我认为,和比昂对容器和所容物的理论构想以及温尼科特对早期幻象阶段和潜在空间的理论构想一样,我们可以将克莱因的投射性认同概念作为基础,来构想母—婴心理单元的创建。

① 在此,我完全同意温尼科特(1954)的观点,他提出,对于克莱因的发展理论,我们需要将时间表和特定的理论构想内容区分开来:"当我发现一个分析师在描述生命头半年的发展时过多地要求抑郁心位才具有的能力,我忍不住想要评论说:真是遗憾啊,一个本来很有价值的理论由于被搞得令人难以置信而被糟蹋了。"(p. 163)

第三章　偏执分裂心位：客体状态的自体

> 对于"一个人以'它'的形式活着"(Man is lived by the It)这个原句来说，"我活着"(I live)这样的陈述只是部分正确。它仅仅表达了原意中的一小部分，并且是表面的部分。
>
> ——George Groddeck

我们可以将克莱因的心理发展理论理解为两个阶段的发展：从纯生物性阶段到非主体心理阶段，以及从非主体心理阶段到主体阶段。第一阶段的发展涉及到，从以纯粹生物性实体存在的婴儿，转变为以心理实体存在的婴儿。克莱因认为，这个转变是通过与生本能和死本能相关联的（被我称之为）心理深层结构来调节促成的。幻想反映了这些心理深层结构的运作，正如语言是语言深层结构的产物。

克莱因认为，从生物性实体到心理实体的转化，使得婴儿进入了偏执—分裂心位。我们之前已经讨论过，偏执—分裂心位是一个发展阶段，在此，自体主要是以客体的状态存在着。这是"它"(it-ness)的发展阶段，婴儿被生活经验所占据。想法和感受发生在婴儿身上，而非被婴儿思考和感受。

从偏执—分裂心位过渡到抑郁心位，意味着主体的"我"(I)出现了。婴儿生理上的成熟使这个变化成为可能，而投射性认同这一心灵内—人际间过程促成了这个变化。抑郁心位是一种更为复杂的心理组织，在此，一个新的经验领域、一种新的存在状态(state of being)①出现了。

---

① 当我说存在状态时，我心里想的是，心理体验中关于活着是怎样的感受的那部分。一种特定存在状态的品质，反映了主体性（"我"的体验）已经达到的程度；这种主体性相对于这个个体的想法、心灵和身体，也即"非我"(the not-I)部分的心理位置；让个体得以思考自己的想法、居住在自己的身体里、做自己的梦的心理空间的体验；自身体验相对于自己的过去和未来之间的位置感；自体、象征符号和象征所指之间的分化程度。

我认为,克莱因提出的偏执—分裂心位和抑郁心位的概念,代表了一种重要贡献,有助于更好地从精神分析视角来理解,在婴儿期发展起来并持续终身的基本心理存在状态。不幸的是,由于这些概念被看作是克莱因理论体系中不可分割的一部分,使得对这些概念的理解,并未被整合到美国精神分析思想的对话中。 43

在考虑克莱因提出的偏执—分裂心位代表了由对死本能的防御性应对所主导的、一个普遍存在的标准的发展阶段时,我们也应该考虑另一种可能性,即偏执—分裂心位代表了由于母亲和婴儿之间的原始连接过早破裂所导致的崩解现象。当我们用后一种视角来看待偏执—分裂心位,即作为母性"抱持环境"(Winnicott,1960b)崩解的结果时,伴随偏执—分裂心位的恐惧状态,就不需要被理解为对死本能的反应,而应被理解为,对母亲和婴儿之间的原始人际连接被破坏的反应。

分裂

上一章已经讨论论过,在克莱因派的理论构想中,婴儿的早期发展是如何被先天特质所塑造的。我提出,由本能提供的对经验的组织,可以被看作是心理深层结构的呈现,而心理深层结构概念类似于乔姆斯基(1957,1968)提出的语言深层结构的概念。与生本能和死本能相关联的深层结构,使得婴儿按照预期的危险[反映了死本能的运作(Grotstein,1985)]和预期的客体依恋(反映了生本能的运作)来组织经验。

克莱因认为,婴儿面临的首要心理任务,是对死本能引发的危险进行管理。

克莱因(1952c)构想,这种危险被婴儿体验为来自内部破坏性力量的威胁[1],必须 44 加以管理。而管理危险最基本的模式,是将危险源与受危害对象分开。逻辑和意志在这种防御模式中几乎不介入,不会比在新生儿的神经反射(如吸吮和抓握反射)中所起的作用更多。通过将危险源与受危害对象分开以试图获得安全的努力,是一种响应危险的先天模式——这是生物现象的心理呈现。

尽管克莱因并未采用这样的行为学类比,我认为,分裂类似于小鸡在觉察到老鹰扇动翅膀的模式时引发的先天反应。小鸡的反应是逃跑,而不是去攻击老鹰(除非被困住),也就是将自己与危险分开(Lorenz,1937;Tinbergen,1957)。我认为分裂是一

---

[1] 与死本能相联系的先天编码所起的作用,是将危险的感觉组织到与客体相关的叙事中[如猎物—猎食者幻想(Grotstein,1985)]。比昂(1962a)描述了当母亲不愿或不能处理婴儿的投射性认同时,会导致与客体相关的关于危险的幻想发生病理性恶化,产生一种"无名的恐惧感"。

种类似的由生物性决定的危险管理模式。（不论我们是否如克莱因那样，将死本能的衍生物看作危险的终极来源，都可以按照我说的这种方式来理解分裂过程。）在发展过程中，这种由生物性决定的危险管理模式，得以在心理上展开。每种原始的心理防御机制都可以被理解为，是基于分裂所涉及的这种危险管理模式所构建的，即基于由生物性决定的、力图将危险源与受危害对象拉开距离来制造安全感的努力。

45 　　例如，我们可以把投射理解为，在幻想中试图通过将危险放置到自己的外部，来消除内部危险的努力。而内摄，是通过将有价值的外部客体或危险的客体二者之一置于自己内部，从而将二者分开，以保护有价值的客体。否认，则是在情感上按照客体似乎已经灭绝的方式，来对待危险的客体，从而将自己与之分开。

　　在早期发展阶段，这些防御活动是一种自动反应，而不是主动回应。在这里，生理自动性已经转化为心理自动性。虽然克莱因并未明确讨论过主体性的问题，但是她的理论和临床观点似乎暗示了，在偏执—分裂心位不存在作解释的主体，在觉察到危险和对危险的回应之间居中调停（mediate）。偏执—分裂心位的基本悖论是：存在着一种心理状态而又没有主体。这种心理体验被描述为，仅仅是这样存在着，而不属于一个自体。此外，我们需要记住，对于主要以偏执—分裂模式运作的病人来说，想法和感受是显然存在的事物或力量，它们会出现、消失、弄脏、变形、毁坏、解救等。例如，一位以偏执—分裂模式运作的病人，可能会摇晃着脑袋，以去除折磨人的感受；可能会（在字面意义上）把自己的想法写到信中，并将这封信发送给他认为应该为他保留这些想法的人；他也可能要求拍 X 光片，以便查看，是什么东西在他内部令他发狂（参见Ogden，1979，1981，1982b 关于这类对心理现象的物化和转换的临床案例）。

46 　　投射性认同被发展出来，作为分裂过程的一种心灵内—人际间表达。起初，婴儿面临的是感官资料的原材料，在这些刺激能够被转化为体验之前，首先必须为这些原材料赋予意义。感官资料在尚未被赋予意义［转化为比昂（1962a）所说的"α元素"］之前，仅仅是物自身（比昂称之为"β元素"）。例如，婴儿的低血糖水平被从生理上标记了，但这一事件尚未构成饥饿的体验，因为这种体验需要涉及到对感官资料赋予意义。比昂（1962a，1962b）认为，对意义的创造最初是一个人际间过程，这个过程以投射性认同的早期形式为媒介。在这个心灵内—人际间过程中，婴儿将 β 元素（尚未转化为具有个人意义的体验的感官资料）投射进入母亲，母亲通过对投射性认同的涵容，将婴儿"物自身"状态的资料，转化为有意义的体验（如饥饿）。然后，婴儿以一种自己可以用以生成自己的想法和感受的形式，将转化后的体验进行再次内化。通过这种早期形式的投射性认同,体验(experience)得以在人际间被创造,而婴儿能够在这个过程中进行学习。①

一旦婴儿、儿童或成人自身发展出了生成意义的能力,投射性认同的更成熟形式也就得以出现。在这种情况下,投射性认同涉及到这样的幻想:驱逐这些分裂出来的内部心理内容,并从内部对另一个人取得控制(克莱因,1946,1955)。与这种幻想相伴随的,还有一种真实的人际互动,在这种互动中,压力被施加于另一个人,使之以与投射者的潜意识幻想一致的方式,来体验自己并行动(比昂,1959)。接受者如果能够成功地处理在自身内部生成的这些感受,就能够(通过互动)为投射者之前无法处理的这些意义,提供一个改良的、更为整合的版本(Langs, 1976; Malin & Grotstein, 1966; Ogden, 1979)。②

在讨论对分裂的各种防御性使用(包括分裂作为投射性认同的一部分)之后,我需要强调,分裂不仅仅是一种防御;在更基本的层面上,它是一种组织经验的模式。这种形式的心理运作,被婴儿用于生命初期,根据自己先天深层结构所固有的分类,从最早期的混乱体验中创造出秩序。分裂是对经验的一种二项式排序(binominal ordering),它将经验分成两大类:快乐的和不快的,危险的和安全的,饥饿的和满足的,爱和恨,我和非我,等等。

在偏执—分裂心位,尚未发展出解释性主体,因而无法通过意识和潜意识的记忆,来保留连续的个人史。

因此,在分裂状态中,各个事件作为物自身存在,而不属于一个跨越时间持续存在的自体,也不和自身以外的任何他物相关。正如后面将会讨论的,在抑郁心位发展出来的压抑过程,涉及到对完整客体的保存,即便当它被驱逐出意识层面时依然存在。分裂是一种对想法制造边界的模式,因此也是秩序生成(但尚未生成个人意义)过程的一部分。

前主体体验

克莱因认为,在我们上文讨论的发展阶段中,尚不存在一个对自己的体验进行解

---

① 我认为,根据比昂提出的框架,β元素被婴儿投射进入母亲这一理念的前提假设是,这些元素已经具有一定程度的意义,否则,很难想象,为何这些元素会被注意到,或者被选出来进行"弹射"。

② 我认为有必要对投射性认同的这种理解进行修订。正如我在第二章中提及的,我认为需要将投射性认同理解为一个新的心理单元(母—婴,或投射者—接受者)的创建,这一心理单元的形成解释了为何投射者有能力超越他原有的经验组织模式,也即超越他自身。我将在第七章和第八章中对这种形式的心理活动作进一步的讨论。

释的人。主格的"我"尚未出现。偏执—分裂心位是"它"的王国,即便并不完全是本我(即来自本能的压力)的王国。换句话说,早期的自我(人格中进行适应性组织的部分)也是非人化的,缺乏主体性,或者说"我"的感觉。婴儿在面对根据死本能来处理(但还不是解释)经验的过程中被激起的危险的感觉时,会采用分裂的机制。分裂是一种努力,试图通过将自体和客体中的危险源和受危害部分拉开距离,以获得安全。

客体是有价值的,但尚不存在一个"我",来爱客体或赋予他们价值。这里存在的自体是处于客体状态的自体,而不是主体状态的自体。主体状态的自体,可以用"我正在被攻击"这个句子中,具有自我反思意识的"我正在"这个短语来表达。"我正在"是"我意识到我正在体验我自己为……"的凝缩。处于偏执—分裂心位的自体是客体状态的自体,而不是作为自己想法、感受、觉知等内容的创造者和解释者的自体。客体状态的自体,相当于"很热"(而不是"我意识到我觉得很热"),或"他是危险的"(而不是"我意识到我将他体验为是危险的")这样的句子中,未提及的、没有反思能力的自体。①

有几次,我曾和这样一类病人工作,或是对这样的案例提供督导:他们在语言中不使用人称代词,并几乎不使用主动的动词形式。例如,一位精神分裂症急性发作的住院病人,在遭到另一位病人的殴打之后,说:"在厨房……操……砸脸……爆裂……婊子养的。"这种使用语言的方式,多少捕捉到了偏执—分裂心位的存在状态:事情就这么发生了。在和一位边缘病人的工作中,也发生了类似的但不那么极端的对人称代词的省略:"今天去了学校……不走运……老师是混蛋……恨他。"随着这种情况在一个小节又一个小节中持续发生,我越来越震惊于病人的这种体验方式,他不是将自己体验为积极的主体,而是生活事件发生在他身上的客体。

福克纳在《喧哗与骚动》一书中,通过"白痴"这个角色,刻画了无反思能力的自体体验:"本停止了呜咽,看着送到他嘴边的汤匙。仿佛就连渴望,在他身上也变得肌肉僵硬,而饥饿则口齿不清,不知道这是饥饿。"

---

① 这里的无反思状态的概念,和萨特(Sartre, 1943)提出的概念"自在状态"(being-in-itself),有一定程度的重叠。"自在状态"指的是,仅仅作为它所是而存在的一种存在形式:"自在状态"不存在和其外部对应的内部,这个内部就好比是属于它自己的判断、法则和意识。"自在状态"没什么神秘的,它是实心的。在某种意义上,我们可以把它视为一种合成物,但这是最牢不可分的合成物:它和它自身的合成物。存在的这个方面和它自身是绝对无差异的,因此,与偏执—分裂心位的存在形式相比,这(无反思状态)是一种更为极端得多的客观形式。

分裂的客体关系

婴儿不仅对客体进行分隔归类,以便将危险源和受危害对象分开,出于同样的目的,他还对自己的觉知进行分隔。克莱因(1946)认为,如果没有相应的自体分裂,就不可能有客体的分裂。与客体相关的体验中的不同方面被彼此隔离开:(以客体状态存在的)爱的自体与爱的客体联系在一起,并且和(以客体状态存在的)恨的自体与恨的客体分隔开来。在分裂状态下,自体和客体之间关系的一种形式,与自体和同一客体相关的其他经验分裂开来。与其说婴儿创造了部分客体,更准确的说法是,婴儿生成了部分客体关系,因为当一个人体验自己相对他人的关系时,总是存在一个(客体状态的)自体。

成功的喂食经验(或者其他任何涉及到母亲和婴儿成功地"彼此配合"的经验),产生了满意的、感到被爱的自体感,并处在与给予爱的客体的关系中。而挫败的喂食经验则产生了恨的自体感,并处在与令人不满意的、伤害性客体的关系中。[克莱因(1952b)认为,婴儿的投射,在很大程度上决定了,一次特定的喂食被体验为爱的给予还是伤害性的。]经验中这些爱和伤害性的方面(部分客体关系)被彼此隔离开,因为对于组织结构原始的婴儿来说,爱他恨的客体,以及恨他爱的客体,实在是太危险了,尤其是考虑到这个客体是婴儿绝对依赖的。相反,婴儿采用全能思维、投射、内摄、否认、理想化和投射性认同等机制,来重新安排他的内部客体世界,以期将自体和客体中受危害的部分与施加危害的部分分开。恨的自体及其与恨的客体的关系,从爱的自体与爱的客体的关系中分裂开来。举例来说,当婴儿感觉到恨的客体正在从内部对自体中爱的部分施加危害时,他会在幻想中,将自体中受危害的部分驱逐出去,进入外部客体,以便在危险的客体和这部分自体之间拉开距离。在投射性认同的运作过程中,伴随着投射幻想,还存在着一个人际间的部分。婴儿作为投射者,体验到自己值得爱的部分枯竭了,因而他可能感觉,自己越发地依赖客体,因为他觉得,客体拥有一切好东西(Klein, 1946)。

自体中爱的方面,在为了避开内部危险而被投射到外部之后,可能在日后被体验为,受到某个外部恨的客体的危害。内化外部这个恨的客体或这个爱的自体,将暂时获得一点点安全感。但是,新的(真实的和幻想中的)危险不可避免地将会出现,因而需要对自体的各个部分以及部分客体进行重新安排。与将施害和受害的部分分开是有价值的这一信念相联系的,是一些关于如何才能获得安全的特定信念,例如,幻想自己对位于内部的客体能够更好地加以控制,以及幻想被驱逐出去的客体已经被流放,并且永远不会再回来。

这是属于偏执—分裂心位的现象学和运作模式。克莱因（1948）认为，偏执—分裂
心位在生命最初的三个月占支配地位，而在第四到第七个月将被抑郁心位取代。"心
位"这个术语用于指代一种心理组织水平，它具有特定形式的客体关系、象征化形式、
防御模式、焦虑类型、自我成熟度以及超我功能等。这些"心位"并不会被度过，而是作
为同时并存的、组织和处理经验的不同模式，贯穿终生，持续存在（克莱因，1952a；比
昂，1950，1963），每种模式都生成独特的存在品质。（我将在下一章中对偏执—分裂心
位和抑郁心位之间的关系进行讨论。）

我们说，偏执—分裂心位是"分裂"的，因为在这个阶段，婴儿严重依赖将自体和客
体进行分裂，作为防御和组织经验的模式；它是"偏执"的，因为婴儿依赖投射幻想和投
射性认同，来防御与客体相关的危险，克莱因（1948）认为，这代表了衍生于死本能的意
义系统。偏执—分裂心位的首要焦虑是，对自己以及自己珍视的客体灭绝的恐惧。这
并不意味着，所有的婴儿都是偏执型精神分裂症患者。相反，不能充分运用分裂，加上
其他一些条件，将导致严重的精神病，包括精神分裂。

分裂失败

我们可以把下面这位精神病性的青少年所面临的困难，理解为缺乏有效使用分裂
机制的能力。

H 是一位 14 岁的男孩，在长程精神分析取向的病房（a long-term analytically
oriented ward）住院，我和他在那里每天见面进行心理治疗。他几乎在醒着的每
分每秒，都深受自我谴责的想法折磨，这种折磨还频繁出现在他的梦里。每当他
接触一个物品，他就害怕自己会被指控企图偷窃。每当他看一个女人，他就恐惧
自己会被指控，企图强奸她，或对她有猥亵的想法。而每当他看一个男人，他就害
怕他会被指控为同性恋，或者他会称那个男人是同性恋的怪胎，于是会遭到那个
男人报复。

通常，在一天中，病人内心的心理轰炸变得如此猛烈，以至于他会痛苦地尖叫
起来。在意识和潜意识幻想中，他把自己的内心状态（自己"有病的大脑"）"倾倒"
入我的内部。他用他感到自己被轰炸的方式来轰炸我，通过这种方式，来向我传
达他的困境。我们的这些咨询小节，充斥着无休无止的威胁、辱骂，对我咨询室的

家具、墙和门的猛击,有时甚至到了震耳欲聋的程度。H 小心地不造成任何"真正的损坏"。当有真正损坏的风险时,他会将攻击转向自身。他多次告诉我,他愿意用任何东西去换取,哪怕仅仅是 5 秒钟的平静。虽然他从未承认,我或我们的治疗有任何价值,但他每次会面都会提前半小时到达,以便通过残酷无情地不停按响等候室的蜂鸣器,来"对我拉屎"(shit on me)。

这位病人所思所感的一切,(在他的幻想中)都被玷污了。在移情中,他无法在爱我或珍惜我价值的同时,不害怕这爱会被污染,比如,成为同性恋、乱伦、贪婪或损毁。病人这种强烈地感到自己情感生活的各个方面都被玷污,或者将会被玷污的感觉,是原始分裂不足的标志。从 H(潜意识)的视角来看,他怀着恨意去爱,带着爱意去恨,因此无论对于去爱还是去恨,他都感到害怕。

婴儿只有具备分裂的能力,才能让自己安全地进食,而不至于遭到焦虑感的侵袭,担心他正在伤害母亲,或母亲会伤害他。婴儿需要感受到,正在照顾他的这个母亲是完全爱他的,并且和那个因为让他等待而"伤害"他的母亲,没有任何关联。养育他的母亲和挫败他的母亲是同一个人,这样的想法会激起焦虑,夺走婴儿安心进食所需的安全感。类似地,如果婴儿在进食的时候,将自己体验为与那个愤怒地渴望控制与征服不在场的母亲/乳房的婴儿是同一个婴儿,他将会失去安全地去渴求的能力。在进食的时候,婴儿需要体验到,自己以一种单纯的、未被玷污的方式在爱,才能感觉自己可以去需要,而不会因此造成伤害。

分裂不仅保护了婴儿给予和接受爱的需要,还保护了他恨的需要。如果婴儿恨的客体被他爱的客体污染了,那么婴儿就不能安全地去恨。[婴儿有恨的需要这一假设,并不需要以克莱因假设的强有力的先天决定的破坏性愿望作为前提。比如,我们也可以像温尼科特(1947,1957)和费尔贝恩(1944)那样,假定恨是在婴儿的需要遭受了过度挫折的情况下被激起的,并且,婴儿、儿童或成人能够体验这种感受而不是被吓倒,这对正常发展来说至关重要。]

K 女士 23 岁,是一位接受高频个人治疗的厌食/贪食症病人。她体验到一种想要将她恨的和恨她的内部内容(即她胃里的食物,她害怕这些食物会令她发胖,并且这些食物正在令她的胃痛苦地膨胀)呕吐出来的强迫性需要。

她不允许自己从目前居住的出租屋搬出来,搬进一套"体面的公寓",尽管这

54

55

是她很轻松就可以负担的。病人感到她不能搬家的原因是,她不想在一个"体面的住处"进食和呕吐,但同时,她不想并感觉自己不能放弃"暴食"和呕吐。治疗师将病人不愿和不能从目前的住处搬家,理解为她有一种愿望,想要保留自己原有的、不受污染地去恨的方式。搬进新公寓,蕴含着一种爱(自己)的行为,这是她不想被暴食以及随之而来的呕吐(对母亲和自己的狂暴的恨的象征化行为)所污染的。

毕竟,爱和恨都是人类情感谱系的必要组成部分,病人不能为了爱而放弃恨,即便通过搬出出租屋来照顾自己对她来说,看起来像是"应该去做的理智行为"。而另一方面,她也不想为了恨(对她来说等同于暴食和呕吐),而(通过不搬进令人满意的公寓)放弃爱。因此她无法作出决定。

56　下面的临床材料来自对一位患有神经性厌食症的 18 岁女性的高频心理治疗。

在将近一年的时间里,S 女士将自己饿到几乎要死了,因为她母亲的食物(对此她扩展到包括所有的食物)"太丰富"了。病人声称,自己深爱着母亲,关于母亲,她不能想出任何一件她不喜欢或不赞赏的事情。她母亲的食物不仅是太丰富了,而且有时候她会觉得"太好了,以至于不能吃";事实上,这个病人甚至不能看到她母亲的食物被烹饪,因为这些食物太好了,不应该被烹饪。最终,在治疗过程中,病人的一个潜在核心冲突被揭示出来:她的母亲"太好了,以至于不能去恨"。(这里的问题,并不是对于她矛盾地爱着的母亲的关系的压抑失败,而是这位病人不能有效地运用分裂这种更为原始的防御机制,从而可以将母亲体验为一组部分客体的集合。)

病人不能将对母亲恨的部分分裂出来,而是把这部分归入母亲好的部分,在这里,这些恨的部分被乔装改扮成"好得过分"。这和矛盾恰恰相反。这是不能将所爱和所恨分开,并将所恨乔装改扮为所爱,于是就产生了下面的双重困境:一是没有能力去恨(我见过的病人中几乎很少有比她更难直接体验愤怒的),二是没有能力去爱(她不能进食,而进食象征着对自己提供爱和接受对自己的爱)。

57　总而言之,分裂允许婴儿安全地进食和爱,以及安全地渴望和恨,而不至于产生淹没性的焦虑,担心自己会被毁灭,或者会毁灭自己的所爱。

整合失败

分裂虽然从根本上说是一种组织经验的模式,但它同时也起到了防御的作用。(这可以和语言的发展进行类比:语言虽然在根本上是一种思考和交流的媒介,但其次也具有防御功能。)正如我们之前讨论的那样,分裂作为一种早期的防御方式,其首要功能是,通过将经验中爱和恨的部分彼此隔离开,来调节这两部分之间的关系。不能减少对分裂的依赖,说明存在过度的焦虑,对不同情感状态,尤其是爱和恨之间的互相渗透感到危险。这种焦虑的注入,使得分裂过程变得僵化和持久。

下面的临床片段,阐述了与持续依赖分裂来进行防御相关的一些行为和体验。

N女士是一位接受高频心理治疗的病人。她维持着一些同时存在但又彼此完全隔离的关系,例如,与丈夫之间令人抚慰的关系,他们彼此如母亲般地相互照料对方;以及与一位年长男性之间非常肉欲的关系。病人的丈夫不知道关于那位年长男性的任何事,而年长男性也几乎不知道她丈夫的事。她也从未和两个男人谈及治疗师,而治疗师被告知的关于这两位男性的事情,仅仅是病人精心处理过的部分信息。

病人开始意识到,当她和这三位男性中的任何一位在一起时,另外两位几乎就像完全不存在似的。而比起她客体世界的不连续,更令她困扰的是,她意识到,当她与丈夫在一起时,她感到自己是这样一个人,而这个人在她和那位年长男性在一起时,几乎不存在。当她在家时,会频繁地体验到一种丧失的恐慌感,这会令她想要赶快回到另一位男人那里。这不仅仅是要认回失去的客体,也许更重要的是,为了认回她失去的自己的一部分。而在和那位年长男性在一起时,她会对失去自己的另一部分感到心烦意乱,并焦虑地回到丈夫身边。

病人感到,她和治疗师的关系有潜在的可能,可以将她"收拢到一起"(together in one place)。可是,在治疗的这个阶段,病人也将治疗师体验为是危险的,因为她感到,他可能会干涉她脆弱的系统,要求她放弃婚外情、婚姻或心理治疗。N女士感到,如果她不得不在这三者中作出取舍,那真的会把她逼疯。病人能够理解,自己的这种恐惧类似于童年时的恐惧,那时她不得不在长期不和的父母之间、在父母和姐姐之间以及在父母眼中的她和自己眼中的她之间作取舍。

N女士用分裂生成了一组部分客体关系,其中每种关系都有各自的自体感,以及一套意识的和潜意识的关于客体的幻想。她试图通过使用分裂,让自己不需要在体验的这些部分之间作出取舍,因为选择其中之一,实质上意味着消灭自己的其他部分。N女士通过撒谎(对真相不必要的演绎,编一个比实际情况更好的故事)、滥交以及小偷小摸,试图让自己感觉更有生气和存在感。分裂不仅导致她的生活被分区,还夺走了每个分区的生命力,因为她在任何情境或关系中,都未曾感到自己完全地存在。这是对于"只要存在对客体的分裂,就会相应地存在自体的分裂"这个理念的一个经验实例。自体分裂体验中的一部分,是觉得部分的自己丢失了,因为任何部分客体关系必然仅仅映照出自体中孤立的一部分。

早期阶段的整合

悖论的是,获得充分的分裂,是日后进行整合,将各个部分客体和部分自体整合成完整客体和具有连续感的自体的必要基础。这是因为,只有当一个人能够从担心爱的体验正在或将会被恨的体验玷污(以及相反的,恨的体验被爱的体验玷污)的焦虑中摆脱出来,以获得一定程度的自由时,他/她才敢把这些不同方面的体验放到一起,建立起更紧密的联系。

一位边缘病人在多年心理治疗之后,以这样的方式来表达她获得的充分分裂的体验。她说,在此之前,她的幻想和梦境经常包含向两端永无止境地延伸的线条或图形。而现在,有生以来第一次,她的幻想包含了具有两个端点的线段。

这个变化显示,病人充分分裂的能力得到了增强:线段的一个端点显然和另一个端点不同。每个端点都是独特的自己,而不是另一个端点。每个端点都不会和另一个端点混合、弄错或被对方污染。

下面的例子显示了,一种极端形式的客体关系病理性分裂,开始出现了早期整合。

一位46岁的慢性偏执型精神分裂症患者,在一家诊所接受了持续多年的治疗。在这里,他欺凌和恐吓工作人员以及其他病人。他不时地将工作人员逼到墙角加以威吓,还在等候室里乱扔家具。E先生,也就是这位病人,潜意识地用敌意的部分客体关系来防御爱的关系,因为后者总是会和担心在身体层面变成另一个人的可怕感受联系在一起。他会感觉到,自己的下巴变成了另一个人的下巴。然后,从这里开始,他体验到,他脸的其他部分以及整个身体,都变成了另外的那个人。治疗师评论说,病人的疑心、警惕和恐惧都是为了让自己感到,他所担心的这种身体转化不太可能发生。

在这个阶段的一个治疗小节中,E先生报告了一个奇怪的体验。他之前曾在自己的住所外面,和一位他认识多年的男人交谈。这个男人"喜欢"(favor)他。(favor这个词有双重含义,尤其是在病人长大的南方,同时意味着身体的相像,以及在行为上的友好对待。对这位病人来说,这双重的含义,在潜意识里是不可区分的。)E先生感到极度困扰,因为他在这个男人的脸上看到了"一种丑陋的美",这是他之前从未遭遇过的。这位病人以一种不同于他惯有的有理有据有节的态度,询问治疗师是否明白自己在说什么,以及治疗师自己是否曾见过那样的东西。对于E先生平静、非胁迫但坚持地问治疗师是否了解这种感受,治疗师将此理解为,病人在问,对于这种新出现的对敌意和爱的移情感受(被移置到了街头遇到的男人)的混合(初始的整合),治疗师会怎么回应。 *61*

分裂呈现为历史的断裂

在偏执—分裂心位,在占主导地位的象征化模式(即"象征性等同",Segal,1957)中,象征符号和象征所指在情感上是不可区分的,因为不存在一个作解释的主体,在象征符号和象征所指之间居中调停。因此,对觉知到的内容赋予意义的体验,是不存在的,事件就是它们自身,解释和觉知被当作同一个过程。感官体验未曾经由一个作解释的主体居中调停[①]。

在这种心理状态下,分裂生成了独特的经验品质(存在状态),这种经验品质和后来发展出来的其他经验品质大不相同。分裂这种心理运作,创造出一种"没有中间地带"的心理状态。在这里,一个平面有两面,且只有两面。观察者永远不可能同时看到两面。(而在与此相对应的另一种状态中,经验的不同部分相互创造和相互否定,并且在观察者的内心,任何一部分总是处在与另一部分之间的相互关系中。)在偏执—分裂 *62*

[①] 拉康(1949—1960)的概念想象界(在进入象征界之前),以及黑格尔(1807)的概念非辩证或前辩证的"非自体意识"(unselfconscious)、"非自体觉察"(unself-aware)体验,也涉及未经调停的感官体验。拉康认为,正是语言象征符号系统,使得一个人可以在自己和自己的感官体验之间进行调停。而黑格尔认为,这是通过工作(人类生产)的居中调停来实现的,这里所说的工作,其目的超越了使得人类仅仅如动物般生存的需要。

心位,不存在任何心理上的有利位置,可以从此处看到不止一个情感面。

当一位边缘病人对治疗师感到愤怒和失望时,他感到,自己现在终于发现了真相。治疗师是不可靠的,他早该知道这一点了。从前那些被病人视作是治疗师值得信任的证据,现在在他认为是一种欺骗行为、面具、对显而易见的事实的掩盖。现在,真相浮出了水面,病人再也不会自我欺骗或放松警戒了。历史立刻被改写。治疗师不再是病人之前认为的那个人;现在,他被发现是一个不同的人。每当我在治疗中遇到这样的时刻,都会对病人如此冷酷无情地抛弃了我们共同的经验而感到全然的震惊,就仿佛这是我第一次遭遇这种情况一样。这是对客体关系情感历史的袭击。当下被向过去和未来进行投射,由此创造出了静态、永恒且不具反思性的当下。

当心理平面中更为深情的那一面"重新出现"时,病人常常感到,自己"反应过度"了,或者太"偏执"了,现在他以新的眼光重新解读过去,并再次创造了治疗师。很多时候,病人仅仅是不记得除了当下感受以外的其他感受了。例如,病人忘记了,当治疗师不记得他女朋友的名字时,他曾经为治疗师的"严重不称职"而感到震惊和害怕。(第五章将给出一个详细的临床案例,讲述伴随一位病人的精神病性代偿失调所发生的、对共享经验的历史的严重否认。)

对于严重依赖分裂的病人,好(被病人所爱的)治疗师和坏(被病人害怕和憎恨的)治疗师是不同的人。好治疗师永远不会令人失望,因为一旦他令人失望,就不再是病人正在与之互动的那个他(好治疗师)。从字面定义上说,现在这个他,过去也不可能是那个病人所爱和爱病人的治疗师。类似地,在分裂占主导的心理状态下,一个人敌意的自体感受到自己(指敌意的部分自体本身)和这个人爱的自体是分开的,即,他并不把不同情感状态下的自己体验为同一个人。

当病人频繁地使用分裂的防御机制时,治疗师的反移情体验有种令人不安的不连续感,这反映了病人情感体验的不连续性。当病人在意识和潜意识中,将治疗师当作两个或更多明显不同的人时,在治疗师身上会引发相应的自体体验连续性的断裂,这常常会导致治疗师遗忘,在这个小节中早些时候,或是在先前的治疗小节中发生的事情。从某种意义上说,病人通过以占主导的移情组合,在治疗师身上引出某些情感,不仅是在幻想中,而且也在现实中"创造"出了治疗师。

这种对偏执—分裂心位中的"分裂"的理解,和 T. G. R. Bower(1971)从对新生儿的观察性研究中得出的结论,隐隐有些相似。

根据这些研究,在婴儿16周以前,似乎生活在一个铰链式的世界里,其中,固体在空间中根据其位置被稳固地放置着,并以彼此咬合的方式恒定地存在。但是,这是个非常拥挤的世界。一个物体只要移动到新的位置,就会变成另一个物体。在这个世界中,每个物体都是独一无二的。婴儿需要和大量的物体打交道,即便在现实中其实只存在一个物体。(pp. 37 - 38)

这种由于物体移动所导致的在物理上的不连续,似乎和在偏执—分裂心位中处在不同情感"位置"上的自体和客体在情绪体验上的不连续类似。在这个发展阶段中,婴儿的世界乱七八糟地塞满了从情感上来说是不同的客体,而在外部观察者看来,这些不同的客体其实是同一个客体。

结论

克莱因关于偏执—分裂心位的理论构想,是对婴儿在心理领域第一个落脚点的阐述。这个心位涉及到一种生成和组织经验的模式,其中,占主导的体验具有非人化和无反思的性质(即,对自体的体验几乎不具有"主格的我"的品质)。想法和感受不是个人的创造,而是发生的事件。一个人不是对自己的经验进行解释,而是以一种高度自动化的方式作反应。象征符号不反映有待解释和理解的个人意义层面的内容,象征符号就是它们自身。这是物自身的王国。

应对危险的首要模式是分裂,这是一种对自己内部的各个部分的重新部署,从而得以将受危害部分和施加危害的部分分开。投射性认同是对分裂过程的一种演绎,在这个过程中,一个人利用另一个人,从远距离来体验,自己不愿或不能体验的部分。

分裂允许婴儿、儿童或成人,通过将自体和客体中爱和恨的部分保持非连续性,从而能够安全地去爱,以及安全地去恨。如果没有这种非连续性,婴儿将无法安全地进食,并且会死去。关于偏执—分裂心位特征性的存在状态,最基本的一点是,对历史的持续改写,从而在自体和客体的爱和恨的部分之间,保持非连续性。在同一时间,只能有一个情感面存在,这是至关重要的。否则,客体关系将会被玷污,并导致对原始心灵来说无法承受的复杂状况。

65

第四章　抑郁心位和有历史的主体的诞生

克莱因清晰地阐述了……为何关心和内疚的能力是一种成就……我认为这是克莱因最重要的贡献，其贡献程度堪与弗洛伊德提出的俄狄浦斯冲突媲美。

——唐纳德·温尼科特

偏执—分裂心位和抑郁心位，是克莱因构想出的两种心理组织模式，它们分别生成各自独特的经验领域或存在状态。一个人在抵达抑郁心位的"门槛"时，并不会把偏执—分裂心位抛在身后；而是或多或少成功地在这两种心位之间建立起一种辩证关系，在这个关系中，每种状态都创造、保存和否定另一种状态，就如同在弗洛伊德的地形学模型中意识和潜意识之间的关系。

本章将要讨论的对抑郁心位的理解，建立在克莱因引入的这些概念的基础之上，但在很大程度上超出了克莱因著作中直接阐明的内容。克莱因的兴趣主要在于心理内容，因此她对于自己理论中隐含的、关于作为基本背景的存在状态的精神分析理论构想，并未作很多探讨。

通向抑郁心位的过渡

我们在前一章中已经讨论过，偏执—分裂心位是一种生成非人化和自动化体验的模式。在这种模式中，摆脱危险和寻求安全的方式是，（通过分裂）让经验变得不连续，以及将自体中无法接受或受到危害的部分（通过投射性认同）排除出去，进入另一个人的内部来实现的。偏执—分裂心位涉及到一种无反思的存在状态；一个人的想法和感受是一些"仅仅是发生了"的事件。

抑郁心位形成了与偏执—分裂心位完全不同的经验领域。进入抑郁心位涉及到一种里程碑式的心理进步。用发展时间线的概念（A. Freud, 1965），并不能充分地表述这里所发生的转变的非线性特征；这个转变也不像是玩拼图时，把所有碎片拼到一起，虽然缓慢但很确定，把这些部分放到一起就能创造出一个整体［见 Glover（1968）关于早期自我从自我核（ego nuclei）中发展出来的理论构想］。或许更恰当的类比来自物理学：随着要素与条件的积累达到数量上的临界点时，一个新的状态出现了，这个状态虽然建立在前一个状态的基础上，但是却和之前的状态有质的不同，对于这个新状态的形式，我们不能通过检视所有子成分之和来加以预期［参见 Spitz（1959）的发生场论（genetic field theory）］。

一方面，这两种模式或者说心位之间的转变的性质，就好比是一次量子跃迁[1]，另一方面，我们也需要记住，偏执—分裂心位和抑郁心位是一些过程，而不是静态的实体。因此"达到了抑郁心位"这样的说法，是一种误导。更准确的说法是，某人开始在一定程度上按照抑郁心位的模式来运作了，同时不要忘记，这种模式会在人的一生中经历持续的发展，并且，以抑郁心位的模式运作总是以偏执—分裂心位模式的同时运作作为其先决条件的。

从克莱因派的视角看［并经由 Bion（1962a，1963，1967）进一步阐释］，（随着心理—生理的成熟，以及在好的经验占据优势的情况下，）投射性认同这一心灵内—人际间过程，是实现从偏执—分裂心位发展到抑郁心位的首要载体。在偏执—分裂心位，婴儿的客体世界由多个部分客体构成，这些部分客体沿着由两种主要本能编码所预先决定的线路，来进行互动。除非经由投射性认同过程的修改，否则真实的体验只会确认婴儿两极化的前概念，要么是绝对的危险，要么是宁静祥和的安全。

投射性认同允许婴儿心理现实中最初的那个封闭系统有一个出口。构成投射性认同的那种与母亲的互动，使得婴儿有可能修改自己先天的前概念，也就是说从经验中学习。例如，婴儿认为会被母亲虐待性地拒绝这种未经反思的预期，可以通过母亲的"涵容过程"（Bion，1962a，1962b）得到调和。理想化客体也以类似的方式得到修改。好的经验和成熟过程并不能完全解释上述这些部分客体的转化。唯有当婴儿的接受能力和意义生成系统的品质，在构成投射性认同的那些互动过程中发生了改变[2]，他才有可能辨认出那些不同于先前预期的新体验。

克莱因派分析师（Klein，1935，1958；Segal，1957，1964）提出，是一组成熟因素和

---

[1] 量子跃迁，a quantum leap，指飞跃、巨大突破。——译者注
[2] 正如我们在第二章中谈到的，克莱因仅仅是最低限度地意识到了投射性认同概念的这些人际间含义。

真实经验的共同作用,使得好的和坏的部分客体得以整合。这些成熟因素包括:本能驱力强度的降低和认知能力的发展,其中认知能力的发展包括现实检验能力和记忆力的趋于稳定。以这些趋向成熟的变化为基础,在好的经验占优的情况下,对部分客体和部分自体的整合成为可能。关于客体的令人满意的经验,使得婴儿更多地感受到对内部好客体的依恋,以及来自这个好客体的爱,并减少了他对坏客体的恐惧。这使得坏客体不再需要被以投射和投射性认同的方式强力驱逐出去。于是被迫害的焦虑减少了,好客体不再那么需要被从情感上彻底地和坏客体分开,随着这个过程的进展,渐渐地,自体的好的和坏的部分、好的和坏的部分客体,能够被体验为是单个完整自体和单个完整客体的不同品质。①

主体的发展

从部分客体关系发展到完整客体关系,从分裂的自体体验发展到连续的自体体验,在这一过程中,婴儿成为了人,具有了潜在的人性。当我们试着去理解,在抑郁心位中经验品质的转变是如何得以发生的,我们会对这一巨变之中所要求具备的发展上的进步范围之广而感到震惊,这些进步包括:区分自体与客体的能力的加强,象征形成能力的发展,情感调和、现实检验能力以及记忆力的增长,等等。这些发展上的进步中,任何一个都不能单独导致下面我们将要讨论的婴儿存在状态的转变。不幸的是,我们无法将发展仅仅作为一个整体来进行阐述,而不考虑这些部分各自的发展,这会导致一种错觉,认为某一部分在发展序列上导致了另一部分。实际上,各部分的发展为其他部分的出现创造了必要的条件。

现在,我将要讨论的是主体性的发展、"我"的体验是伴随着对象征符号和象征所指的区分而出现的。在偏执—分裂心位,象征符号和象征所指在情感上是可替换的,

① 克莱因对于婴儿如何获得完整客体关系的解释,是机械力学式的,并且她也没有回答这样一个问题:发生了什么样的变化,使得在抑郁心位的完整客体关系中,经验的品质得以发生这些根本转变。由于克莱因(1935,1940)仅限于使用心理内容的概念性词汇来讨论这个问题,所以她的思想受到了局限。她的解释是基于量变的:极端的情感和观念的持续减少,使得心灵内部好的和坏的部分得以"聚拢到一起",从而在内部形成了聚合的完整客体和完整自体。我认为,由于克莱因未能充分发展出——存在一个心灵内和人际间的母体,使得心理内容得以在其中存在——这样一种理论构想,使得她不具有恰当的术语,来解释自己提出的这种转变。要更充分地理解我们正在讨论的这种发展上的根本转变的性质,我们需要理解温尼科特关于潜在空间的理论构想。我们将在后面的第七、八、九章对来自温尼科特的这一贡献加以讨论。

这导致了一种无中介调停的直接体验，表现为极端具体的思维、困在表面的显意中以及具有妄想品质的体验（包括移情体验）。象征符号就是它表征的对象本身。而在抑郁心位出现时，婴儿心理组织的成熟度达到了一个临界点，使得结构性变化的发生成为可能。当象征符号和象征所指变得可以区分，一种"我"的感觉就填充了象征符号和象征所指之间的空隙。这个"我"是自己的象征符号的解释者，自己的想法和思考的对象之间的调停者，是自体及其感官体验的中介者。读者可能会问，究竟是"我"的感觉使得对象征符号和象征所指的区分得以实现，还是象征符号和象征所指之间的区分使"我"的感觉得以出现？我认为二者都是对的：它们各自使得对方成为可能，而不是其中一个导致了另一个这样的线性关系。

在婴儿开始有能力将自己体验为自己感知到的信息的解释者的那一刻，作为主体 73 的婴儿就诞生了。从此以后，所有的经验都是一种个人创造（除非后来发生了退行）。在偏执—分裂心位，一切都如其所是（也就是说，事件不言自明），而在抑郁心位，没有什么仅仅是它们表面上看起来的样子（事件本身并不具备固有的意义）。在抑郁心位，事件是由人创造的，它的意义取决于这个人赋予它的解释。[①]（我们需要记住，这里描述的抑郁心位的心理存在状态，总是与偏执—分裂心位并存的，而在偏执—分裂心位中，感知到的信息被体验为物自身。）

当婴儿成为做解释的主体时，他第一次能够将自己的这种心理状态投射到对他人的感知上，并考虑到这样一种可能性，他人可能具有和自己差不多的感受和想法。意识到他人是客体的同时可能也是主体，为婴儿能够关心他人创造了基本条件。[②]

当婴儿开始有能力将他人当作一个完整而独立的人、一个活生生的人来关心时，他就具有了内疚的能力和修补的愿望。他可能会对自己对他人造成的（现实或幻想中 74 的）伤害感觉糟糕，并在很大程度上能够区分现实和想象中的伤害。

偏执—分裂心位所体验到的破坏和复原，与抑郁心位的相应体验有着重大差异。在偏执—分裂心位，攻击的对象是非人的客体，婴儿不会感觉到此客体有感受或主体

---

① 在抑郁心位，尽管一个人会对自己的体验进行解释，但孤立的一个人并不能创造意义。意义是以这个人的家庭和文化为背景，使用语言作为共享的符号和意义系统的载体，在主体间被创造出来的（参见Habermas，1968）。

② 温尼科特（1954—1955）把发展里程上的这个进步，称为婴儿发展出了"仁慈"（ruth）的能力（p. 265），与婴儿在认识到他人是一个活生生的人之前的"冷酷无情"（ruthless）的状态相对应。温尼科特认为冷酷无情并不是故意敌对，而仅仅是反映了，婴儿没有能力就自己对母亲强烈的需要和依赖而令母亲受到影响，去同感母亲。

性,因为婴儿自己也没有主体性。偏执—分裂心位是一种魔术般的状态,婴儿不需要担心他会毁灭敌人,因为只要他想要,就可以全能地再创造被他毁灭的那个对象。①

从这个角度来理解偏执—分裂心位的特征性体验状态,我们就有可能理解,为何偏执—分裂心位的首要焦虑不是害怕死亡,而是害怕"消失"(nihilation)②。如果不曾活着,就不会死去。椅子不会死去,也不会被伤害。椅子只会被损坏或破坏。在偏执—分裂心位,不存在由主体间互动创造并保存在主体记忆中的稳定不变的历史。不同于死亡,一个人或物消失之后,不会留下痕迹。与之相比,一个生命在到达终点时的死亡,既可以说更加绝对,也可以说更少绝对(both more and less absolute)。更少绝对是因为,一个人可以预期,他将持续地存在于受他影响的人们心中,这种影响或者是通过他们共享的经验,或者是通过他创出(并经由他人解释)的、反映他个性的象征符号。悖论的是,死亡的观念从偏执—分裂心位的视角来看,比在抑郁心位下更少绝对。在偏执—分裂心位,"不在"绝不会是永久的,"不在的客体"总是有可能被全能地再创造出来。

如果说偏执—分裂心位的首要焦虑是害怕消失,那么抑郁心位的首要焦虑则是害怕客体的丧失。丧失的客体被体验为一个完整而独立的人,婴儿害怕自己已经将他赶走、伤害或杀死。哀悼是对抑郁心位焦虑的修通,抑郁症和躁郁症是为了应对抑郁心位的焦虑而产生的病理形成。

(关于对抑郁心位焦虑的躁狂防御,我将在本章的后面部分进行讨论。)

---

① 下面这则政治寓言在一定程度上呈现了他人的主体性和客体性二者之间的区别。有人建议,将启动发射携带核弹头的导弹的"按钮",通过手术植入一位随时随地陪伴在总统身边的特工的皮下。如果总统要决定这个国家进入核战争,他需要割开这位特工的皮肤,才能"按下按钮"。在一定程度上,想到要割开特工的皮肤,比起摧毁成千上万(非特定的)人的生命的潜在可能,对我们来说要更令人畏缩。要承认这一点是非常令人羞耻的。当我们认同这个幻想的场景中的总统时,我们将特工体验为,一个看得见摸得着可以对话的人,也就是一个活生生的人;而对于那成千上万的人,我们在这个幻想的场景中并不会去设想,因此他们对我们来说,并不是活生生的人,因此他们不会承受痛苦,也不会死去。

② Nichols(1960)将 Kojeve(1934—1935)创造的新词"neantir"翻译为"消失"(nihilate),我认为这个翻译捕捉到了对一个人存在的否定这个理念。消灭(annihilate)这个词强烈地隐含了对自己或他人存在的暴力性和毁灭性的否定。在本书中,根据在描述的行为中毁灭的动作是否占据核心地位,我将决定使用"消失"还是"消灭"。(annihilate,从构法直译是"使消失",因此相比 nihilate(消失),更强烈地蕴含主动、人为、用暴力地造成消失。因此,我将 annihilate 译为消灭,而 nihilate 译为消失。——译者注)

在抑郁心位中对危险的管理

偏执—分裂心位中自体的客观(无反思的)状态,决定了在这种存在状态下婴儿相应采用的对危险的管理模式。在物自身的领域中(包括以客体状态存在的自体),婴儿不可能通过理解或妥协的方式来达成安全,妥协的意思是双方或多方(作为主体)通过(主体间的相互)改变来获得和平共处。在客体(相对于主体)的领域里,安全是通过数量上的转移、魔术般的全或无的转化获得的。对于内部的危险,婴儿通过魔术般地将危险放置到自身之外,来获得安全;通过获得来自好客体的更强大的兵力,来保护自己对抗迫害性客体;通过魔术般地将另一个人变成保存自体中受危害部分的储藏室,从而在通过认同(投射性认同)来保持连接的另一个人那里,以他人的形式保存自己,以此来保护自体中这个受到危害的部分。

在抑郁心位中,对全能感的放弃是与婴儿能够将客体从自体中分离出来密切相联的。唯有当一个人不再能够创造或魔术般地改变客体时,才意味着有自己之外的某人或某物存在。如果存在一个非我的客体,是我不能创造、控制和改变的,那么"我"也就作为一个与之分离的人而出现了。婴儿通过对全能感的放弃,创造出了现实,作为和自己的想法分离的一个实体而存在。在象征形成方面,象征所指(我的想法所指代的、在现实中的对象)第一次从"我"创造的象征符号(关于我觉察到的信息的我的想法和感受)中获得了解放。这意味着一个人从物自身的领域中获得了解放。[1]

嫉羡(Envy)与妒忌(Jealousy)[2]

嫉羡和妒忌之间的区别,为我们接下来讨论偏执—分裂心位和抑郁心位之间的关系,提供了经验上的参照。克莱因认为(1952c,1957,1961),嫉羡是死本能最重要的表现之一。嫉羡作为偏执—分裂心位的现象,是一种部分客体关系,在这个关系中一个人憎恨客体,因为客体拥有他觉得自己没有而又迫切需要的东西。他希望从客体那里

---

[1] 在一个人全能控制的范围和全能控制范围之外的部分之间的空间,就是温尼科特(Winnicott,1971e)所说的"过渡空间",克莱因对这个部分基本上未能认识到,也不曾加以探索。我将在后文讨论温尼科特著作中关于潜在空间的部分时,对早期发展的这个方面进行详细阐述(主要参见第八章)。

[2] Envy 和 Jealousy 在中文中最常用的翻译是同一个词:嫉妒。但在英文中,这两个词的含义有明确的不同,本节的要点就是讲述这两个概念之间的差异和关系。纯粹是为了区分这两个词的中文翻译,本书对 envy 沿用台版翻译"嫉羡",而 jealousy 则翻译为"妒忌"。——译者注

窃取他嫉羡的东西,并毁坏一切他所无法窃取的。

在和一位遭受严重困扰的病人进行心理治疗期间,治疗师怀孕了。病人W女士温和地否认对此有任何感受,但她发展出了一种可怕的感觉,她觉得自己会在每个将要使用的厕所发现流产的胎儿。同样是在这段时间里,W女士发现,去商店购物变得难以忍受地痛苦,因为她只能买一点点东西,而留下那么多在店里,以至于她能够买下的这点东西,就像是对她的嘲弄一样。她需要付出极大的努力,才能克制自己偷窃的冲动。

病人潜意识地希望治疗师完全属于自己,这导致了潜意识中,强烈的、对治疗师的孩子的嫉羡(以及对治疗师拥有孩子的嫉羡)。病人潜意识地希望杀死这个孩子,因为他拥有病人想要的东西。此外,W女士还希望毁坏这个孩子和治疗师所拥有的一切令她嫉羡的东西。

嫉羡涉及到两人间的部分客体关系,而妒忌则应被理解为三人间的完整客体关系,是抑郁心位的现象。妒忌显示了一个人希望他能够以另一个人(妒忌的对象)被第三个人所爱的方式来被爱的愿望。这在一定程度上涉及到对另一个人的同感(将自己放在妒忌对象的位置上,而不会失去自己,变成他人),以及将这第三个人视为完整的分离的他人,自己可以想象被他所爱和爱着他。

嫉羡不仅涉及到对客体拥有好东西的恨,还恨这个好东西本身,因为拥有者和所有物在情感上是等同的。而妒忌则是复杂得多的感受状态(核心是一组矛盾的爱的感受),涉及到对于被一个爱的关系排除在外的愤怒。一个人希望去爱和被爱,但感到被另一个人挡在爱的门外,后者在前者的感受里,替代了前者享受着爱的关系。妒忌是基于一系列愿望—恐惧的妥协,主要目的是为了处理内心的矛盾:一个人不敢投入爱的关系,却通过与妒忌的对象认同,来间接地投入爱;他不敢直接恨这个爱的客体,而是去恨这个替代性客体(妒忌的对象);他在幻想中害怕性兴奋所具有的破坏性,于是通过使用一个中介来调和它;他将暴力侵入的窥阴欲望,伪装成他是被迫进入一个具有极大兴趣的观察者的位置。妒忌中的这些愿望和恐惧是由一个主体生成的感受。这些感受有潜力被体验为这个人自己的感受,虽然他可能通过压抑、投射、否认、移置或投射性认同,来极力否认自己具有这些感受。

在将嫉羡和妒忌作为两种可区分的感受状态,对它们分别作了概要描述之后,我需要强调,这两种情绪情感代表了同一发展梯度中相互依存的两端,它们总是处在与对方的层级关系中。无论是纯粹的嫉羡,还是纯粹的妒忌,都不存在。我们需要把每种包含这组感受的心理状态,都理解为这两种关系形式之间的相互作用。

历史的创造

在抑郁心位,婴儿日益放弃诉诸魔术般地再创造他之前损坏或毁灭的东西的力量。在这个新的情感背景下,婴儿发展出了全新品质的客体关系,这种关系涉及到想要对自己过去的所作所为加以弥补的愿望。他无法使过去消失,并从头再来一次。有历史感的自体第一次得以存在。

对历史的体验是人类所特有的现象(Kojeve,1934‐1935)。动物经历了进化历程,在其中运行的,是由生物基因决定的响应模式。历史的出现,需要具备自我反思能力。由于缺乏这种能力,动物只能活在当下。唯有人类能够在被自己的生活经验改变之后,依然自我反思性地记得自己从前的样子。处在抑郁心位的婴儿开始体验到,无论是自己还是他人,大体上都是与之前——比如,在婴儿(在幻想或现实中)伤害母亲之前——的自己和他人是同一个人。他们并不会成为另一些人,而是有一些额外的事件被加入到他们共同的经验中。

相反,在偏执—分裂心位,过去处在持续的改变中;每个新事件都彻底地改变了之前的一切。现在立刻被投射到之前所有的经验上,因此湮灭了过去。过去变成了仅仅是现在的流动的延伸。当边缘病人开始对治疗师感到愤怒时,之前所有的经验都会被他看作是治疗师方面的欺骗。(参见第五章关于这种历史改写的临床实例。)

在抑郁心位,婴儿不再能够使用,他在偏执—分裂心位可以使用的那种"奥威尔式的"(Orwellian)①对历史的改写。在抑郁心位的存在状态中,当一个人感到自己伤害了另一个人,他会被这个事实困住。他无法否认或改写历史,也不能抹杀这个事实,即特定的事件已经发生了。他只能尽力对这个他人作出弥补,同时完全明白,这种弥补并不能改变过去。发展出这种非魔术式的修补的能力,是抑郁心位出现的标志之一。

---

① Orwellian,奥威尔式的,出自乔治·奥威尔的小说《1984》,大意是指极度严苛专制的,失去人性的,灭绝式的。——译者注

只有当他人不再能够被魔术般地再创造时（比如，用一个新的母亲般的人物，来整个替换不在的母亲），思念一个不在的人，或者哀悼一个死去或永久离开的人，才得以成为可能。当他人可以被体验为独立于自己而存在时，就有可能以和从前完全不同的方式，来和这个他人在一起，或离开他。如果一个人不能允许他人作为活生生的人而存在，那他就无法离开他人，或是被他扔下。这就好比，一个人不可能离开某个他从未去过的地方（见 Searles，1982）。（通过获得抑郁心位的完整客体关系）进入人类世界，意味着将自己暴露于这样一种危险中，他会对自己无法控制的他人感到关心。这使得他将自己置于可能被他人（在身体上和情感上）扔下的处境。在抑郁心位中，婴儿第一次产生并持有孤独感。在一段时间里持续存在的孤独体验，需要一个人能够容忍缺失的存在，而不是通过将自体投射出去，获得幻觉性的愿望满足，或构造出一个由迫害性客体持续相伴的偏执世界，以填补这个空隙。

抑郁心位的首要焦虑是，自己会伤害或赶走所爱的人，这在偏执—分裂心位是不可能出现的，虽然在偏执—分裂心位存在消灭客体的幻想。在偏执—分裂心位，所爱的人和所恨的人是不同的人。这从另一个视角再次强调了，偏执—分裂心位所采用的分裂过程，使得婴儿可以避免恨他所爱的人和爱他所恨的人的两难处境。

从上文讨论的角度，我们可以看到，抑郁心位这个术语是误导的。历史心位这个术语，可以更好地表述婴儿在达到这种心理组织形式时的典型状态。让婴儿能够放弃从前的客体关系连接方式的心理过程，是哀悼而不是抑郁。历史记忆本身就是哀悼的一种形式，因为它承认这样一个事实：过去（以及构成过去的那种客体关系）不再以它们原先存在的形式存在。正如弗洛伊德（1911—1915）在他谈论技术的论文中指出，移情是用重复的行动代替记忆，因此它总是意味着，对于放弃构成移情的那种客体关系的阻抗。对移情的分析工作的一部分是将重复转化为记忆的过程，从这个意义上说，这个工作的目的在于对抑郁心位的历史性进行扩展。这个将行动化的上演转化为记忆（以历史的维度在象征界对感受进行阐述）的过程，以及让这些感受在时间维度上持续存在，就是弗洛伊德（1932）所说的"Wo Es war, soil Ich werden"（它在哪儿，我就在哪儿）的核心。

在抑郁心位为行为承担责任

承认自己作为经验解释者的职责，是为自己的行为承担责任的一种重要形式。与这种自己对自己的行为(包括心理活动)负责的体验相对应的,是对自由的体验。只有当一个人授权自己为自己的行为负责时,他才能感觉自己拥有一定程度的自由,可以在多个选项之间作出选择;当然自由的程度可能有所不同,这取决于内部和外部限制因素在他感受中的重要程度。

Schafer(1976)的行动语言,是抑郁心位特有的完全清晰明确的语言。这种表达方式充分承认了,主体对自己的想法、感受和行为负有责任。例如,Schafer 相信,对情感和动机的物化,是为了否认,主体在自己的心理活动和行为中,作为一个活跃代理人的位置。当一位病人在潜意识中想要否认,自己对此前在愤怒中自己的所作所为负有责任时,他可能会说"愤怒在我这里越积越多,以至于达到了让我爆炸的临界点",或者说"我不知道是什么让我这样做的"。病人以对自己行为弃权的姿态,在潜意识中抗议:"请许给我们无知、被动和无助的幻象。我们不敢承认,我们是自己房子的主人。"(p. 154)

在抑郁心位获得充分发展的情况下(一种无法达到的理想状态),我们是主体,能够觉察到自己对自己的想法、感受和行为负有责任。然而,根据本章的观点,抑郁心位是和偏执—分裂心位辩证共存的。当一个人以偏执—分裂心位主导的模式运作时,对他来说意味着,在很大程度上是经验活在他身上。在这种情况下,使用暗示着其他存在状态的语言是不准确的。行动语言不能反映,所有心理状态中都包含的偏执—分裂心位成分的结构的性质,尤其是在原始的心理状态下,这种成分是占主导地位的。一个人不能充分地将自己体验为"自己房子的主人",不仅仅反映了"害怕、抗拒、对自己行为弃权的姿态"(p. 154)。

在偏执—分裂心位,在多大程度上还不存在一个主体,一个人就在这个程度上无法为自己的情绪承担责任,这些情绪或者是来自外界力量或客体的冲击,或者是源自他的处于客体状态的自体,不请自来地出现在他不具有主体性的自体上。将自体体验为好像是客体一样,并不仅仅是一种防御,这是心理发展过程中不可避免的一部分,也是心理组织模式中持续存在的一个方面。一个人并不能将这种组织经验的模式抛在身后,而是将它并入偏执—分裂心位和抑郁心位这两种存在状态之间的成熟辩证关系中。从这个角度看,Schafer 的行动语言过度强调了我们作为主体存在的程度,而低估了自体在一定程度上永远具有的客体性。"它"(本我)永远不会完全变成"我"(自我),我们也不希望如此。我们需要用行动语言之外的其他语言,来谈论这种存在状态,并与之交流。

躁狂防御

达到了抑郁心位但不稳定的病人,常常采用一种特定的防御方式,克莱因(1935,1952c)称之为躁狂过程或躁狂防御。这种防御方式(更准确地说,是一组防御)是一种中间现象,兼有偏执—分裂心位和抑郁心位的心理组织模式中的因素。这是对抑郁心位焦虑的防御(害怕丧失客体,这个客体被体验为是完整和分离的),但却调用了偏执—分裂心位特有的防御模式(如分裂、否认、投射、内摄、理想化、投射性认同以及全能思考等)。躁狂过程涉及退行到这样一种存在状态,在这里,主体性、历史感、心理现实的体验以及成熟的象征形成能力,都大大受损。采用躁狂防御的病人,并不生活在具有多层次的象征意义,从而使得感受、想法和事件都能得到理解的世界里。轻躁狂或躁狂病人生活在行动化的世界里,在这里,事件不言自明,被病人自动反应的方式来处理。躁狂防御的使用并不限于躁郁症病人,就像投射作为一种防御的使用并不限于偏执病人一样。不过,在躁狂或轻躁狂状态,我们会看到躁狂防御最极端的形式。一旦一个人开始建构抑郁心位的心理组织模式,躁狂防御就会成为他常规防御武器库的一部分。

躁狂防御涉及到对于自己依赖他人的否认(克莱因,1935,1963b)。这种否认被在潜意识幻想中对客体的全能控制强化了,这种幻想能保护个体,免受被客体抛弃的焦虑,因为他不需要害怕失去他觉得自己能够绝对控制的客体。而且,对客体的轻蔑使他得以和丧失绝缘,因为他不需要担心失去他轻视的、无价值的客体(见 Segal,1964)。

我被请去给一位住院男病人做咨询。他四十出头,两天前非自愿入院。病人L先生傲慢地走进咨询室,并立即开始抱怨病房护理人员的"小心眼儿"。他觉得这个和医生谈话的机会,要有趣得多。他用一种喧嚷的、暗含威胁的声音说话,显然传递了这样一种信号:如果不让自己感觉到完全掌控了局势,他将会极度暴怒。他使用法语和德语的习语,来表达自己试图搜寻的精确含义。L先生告诉我,他曾是一所名校比较文学专业的研究生,但因为财务原因未能完成学业。他避免谈及任何可能会令我询问为何他在医院里的话题。那类话题将会粉碎这样一种幻象:我们仅仅是两个"有教养的人",在进行一场谈话。尽管他气势汹汹,但空气中弥漫着很辛酸的感觉,是关于这个人的脆弱;他好像在通过这个访谈,无声地请求我，不要夺走他的幻象。

当他问我懂几门外语时，这个小节的气氛变了。我犹豫着，对他说，请允许我不仅仅从字面上理解他的问题，因为……我思考着，想要对他说，我明显试图隐瞒我有多么无知的真相，而他对此不再感兴趣，并且我试图向他提供一个解释的努力，可能是想要炫耀我的权力，削弱他，并取得访谈的控制权；在我能够完成思考并作出这些解释之前，他打断了我。他从我们之间的桌子上拿起了一本杂志，并开始翻阅，制造出假装的轻松氛围。在之后的十五分钟里，他显得就像是房间里只有他一个人，尤其是当我试图要对他说话时。当我告诉他时间到了，他毫无反应，我们就在那里沉默地坐了几分钟。他把杂志扔到桌子上，说：87 "这个房间太热了；我走了。"他离开了房间，但我感觉他并没有走远。当我打开通往走廊的门，他就站在靠近门的地方。我说，我也觉得，我们还有更多的话要对彼此说，如果他愿意，我们可以第二天继续谈。他低下头，慢慢地走了。

L先生在这次访谈中，严重依赖一组躁狂防御机制，包括否认（我结束了会面，以及我们关系的性质）、夸大的孪生幻想（我们两个是优等的人）、轻蔑以及幻想中的全能控制（反映在他对会谈走向的掌控）等。病人还依赖投射性认同；通过这个过程，我成了被病人否认属于自己的恐惧和悲伤等感受的携带者（直到会谈结束）。尽管这里采用的防御机制很原始，但很显然，L先生在试图保护自己免遭丧失自尊和丧失与他人连接的痛苦。病人决不允许被切断依恋关系这样的重大灾难发生在他身上，但同时他也不能完全放弃渴求，渴求他潜意识地希望自己可以依靠的他人，能够陪伴他。

对躁狂防御的使用，很少像上面这个例子这么戏剧化。我们需要重申，躁狂防御是每个人防御武器库的组成部分。例如，当一位神经症病人在母亲般的移情的背景下，体验到被抛弃的恐惧时，他可能会从他惯用的（相对成熟的）客体关系模式中撤退，88 开始以一种居高临下的方式对待治疗师。例如，（以隐蔽的方式）在和治疗师的比较中夸大自己的成就。有时，病人表现出来的躁狂防御非常微妙，一开始也许只能通过他轻蔑的说话腔调，或是对拖延付费表现得漠不在乎这样的细节，观察到一些蛛丝马迹。

兼容矛盾心理的成就

现在我将要讨论，发展出包容矛盾心理的能力所涉及的心灵内—人际间过程。整合好的和坏的部分客体这个理念，虽然听上去很吸引人，也很有启发，但并未充分描述这个发展成就涉及到哪些内容。矛盾心理并不仅仅意味着，在某个特定的时刻，在意识和潜意识中对同一个客体既爱又恨，因为这也完全有可能意味着一种非常原始的未分化状态，这种状态常见于精神分裂症病人。在这种情况下，精神分裂症病人不能确定他感受的性质是爱还是恨，因为爱和恨"混在了一起"。通常伴随着这种关于感受分化上的失败的，还有一种相关的身体状况：病人无法区分不同的身体/情绪方面的感受，例如无法区分饥饿和性兴奋，或者恶心和愤怒。

将矛盾心理说成是一个人在意识中恨而在潜意识中爱，或者反之，也是不充分的，
89 因为这种说法没有说明，爱的对象和恨的对象之间的关系。在一个人能够兼容矛盾心理时，他所取得的核心成就是这样一个事实：他所恨的那个人，就是他曾经爱过、在潜意识中仍然爱着，并希望能够再次开放地去爱的那个人。这里没有发生对历史的改写，没有那种自己发现了之前隐约觉察到的真相的感觉。当一个人恨的时候，他之前感受到的爱的感觉依然是真实的，依然在他与这个他恨的人共享的历史中存在着。因此，感到悲伤是矛盾心理中不可或缺的部分，因为已经发生的不能被撤销。而对处于偏执—分裂心位的人来说，悲伤并不是情感词汇的一部分。怎么会这样呢？因为在这里，当一种新的情感状态来临时，过去的一切都被撤销。悲伤的感受中涉及到的哀悼、内疚和对全能感的放弃，是成为以抑郁心位模式运作的人类所需付出的代价中的一部分。抑郁心位的"抑郁"，更准确地说，应该被理解为，由于承认历史不能被改写而涉及到的悲伤的感受。对于自己既无法全能控制，也不能再造或复原的爱的客体的丧失，人是脆弱的。悲伤还在于知道，虽然可以尝试弥补自己造成的损害，但却不能改变已经发生的事实。此外，抑郁心位的悲伤，还与对这样一个事实的接受有关，即自己关于早期客体关系的最强烈的渴望，过去未能完全实现，并且再也不能按照自己希望的方式来实现。正如我们后面将会讨论的，这些"需要放弃的东西"（也许比放弃更好的表述是"遗憾地离开"）的核心，是俄狄浦斯渴望。

成熟的移情［不同于 Searles（1963）和 Little（1958）描述的妄想或精神病性的移
90 情］使得抑郁心位的悲伤可以忍受。因为正如一个人不能将过去撤回，也就意味着他

的过去不能被拿走。当一个人由于他人的不在场、死亡、情感上的不可得或心理变化等原因，已经失去了这个他人之后，抑郁心位的移情模式，使得他依然可能永久保存并再次拥有，他关于这个人的经验中的重要部分。这种（包括在治疗中和治疗情境之外的）移情体验，使得丧失的痛苦令人可以忍受。他不是用其他人魔术般地替换早期客体，而是将后来遇到的人体验为，与他对过去生活里的人的体验类似。这样，他就不需要彻底放弃和重要客体的过往经验。他可能需要放弃失去的人，但不需要彻底放弃自己和那些人在一起的体验。他知道眼前的人（移情的客体，被他体验为本身也同样是真实的人）和原初的客体是不同的人。但承认这一点是可以忍受的，因为在他（潜意识）的体验中，新的经验是和从前的经验联系在一起的，通过这种方式，从前的经验得以保存下来。

正是在这一点上，两种心位有着重要的区别：移情在抑郁心位表现为试图保存过去关系带来的感受状态，而在偏执—分裂心位则表现为试图保存丧失的客体本身。在精神病性或妄想性的移情中，病人将眼前的客体和原初的客体看作是等同的，尽管二者在性别、年龄、种族等方面具有"不合逻辑"的差异。在偏执—分裂心位中，历史持续地被改写，这种改写的范围可以很轻易地包括年龄、性别或种族等方面。

现在，我们可以从一个新的视角理解，有能力发展出抑郁心位的那种移情，使得忍受自己会死亡的念头成为可能。正如一个人在这时开始觉得，自己丧失客体的经验并不意味着彻底地失去，同样有可能他也开始觉得，他人体验中的自己以及自己创造出来的象征符号，在自己死后或许并不会完全失去。

91

抑郁心位与俄狄浦斯情结

在抑郁心位产生的心理冲突和在偏执—分裂心位明显不同。当一个人希望自己的父亲死去，这个父亲和他爱着并且不希望失去的那个父亲，是同一个人。在抑郁心位，对于在人性化的关系中遇到的问题来说，幻想全能地消灭竞争对手，不再是令人满意的解决方案。在正常的发展中，一种新的防御方式出现了。这种新防御保存了客体关系历史的连续性，即便会避免觉察这个关系中的一部分。这种我们称之为压抑的新防御，是基于这样一种潜意识的信念："我不知道的东西就不会伤害我，忘掉就不会伤害那个被遗忘的东西（或是改变对它的认同）。"一个人和他父亲的关系，包括当他觉得父亲自私、不公正或暴虐时所产生的残暴的愤怒，被留在潜意识中。在使用压抑时，他所作的改变是关于自己知道的范围（更准确地说，自己承认自己知道的范围），而不是关于自己或他人是什么样的人。

　　在压抑过程中，并未如分裂过程那样改写了历史；历史（记忆和幻想的混合物）只是被"埋葬"了，从而得以被保存。

　　有一种常见的错误想法，认为俄狄浦斯发展阶段是在继抑郁心位之后出现的。这种构想混淆了不同性质的发展结构。达成抑郁心位意味着进入完整客体关系的世界，在这个世界中，具有主体性的人们各自拥有不变的过去和相对稳定的历史。我们可能会关心这些人，并哀悼他们的丧失；我们会对他们感到内疚和懊悔。抑郁心位与俄狄浦斯情境的关系，就好比是容器和内容的关系，二者彼此塑造和影响着对方。

　　我们已经在第二章中讨论过，俄狄浦斯情结对弗洛伊德来说，不仅是诸多心理内容之一，它还是由物种的遗传决定的、对性和攻击的意义进行创造和组织的核心。出于这个原因，弗洛伊德将俄狄浦斯情结视为精神分析的奠基石，视作关于象征意义的基础理论、发展理论、病原学理论以及治疗理论。在本章中，我将为展开对这个主题的讨论，作出一些导论性的评论。

　　克莱因（1945，1952c，1955）将俄狄浦斯情情结看作抑郁心位的一种现象。克莱因的发展日程表既是历时性的，也是共时性的。在她的理论中，各个发展阶段一个接一个地出现，而与此同时，所有这些心理性欲阶段又是从一开始就同时并存的。例如，在谈到女孩的早期发展时，克莱因（1932a）写道：

　　　　从母亲那里体验到的口欲挫折，刺激了她的其他各个性欲区，并唤起了她对父亲的阴茎的生殖器倾向和欲望，于是阴茎成为她口腔、尿道、肛门和生殖器冲动的客体，所有这些是同时发生的（斜体字是我的补充）。(p. 272)

在另一处，克莱因（1932a）写道：

　　　　……我认为，在早期将阴茎等同于乳房，是由她（女孩）在早期从乳房遭受的挫折带来的，并马上对她产生了强有力的冲击，并极大地影响了她的整个发展进程。我还认为，阴茎和乳房的等同，伴随着一种"自上而下的置换"，在早期激活了女性生殖器的口欲容纳性品质，并为将来阴道对阴茎的容纳做好了准备。这为小女孩朝向俄狄浦斯的发展铺平了道路——尽管如此，但要到很久以后，俄狄浦斯情结才会对女孩充分发挥强大的力量——并为她的性欲发展奠定基础。（p. 271，fn.）

Bibring（1974）将克莱因的发展理论描述为：在我们通常公认的"较晚的"发展阶段（如尿道期、肛门期和生殖器期）来临的时间点之前，在不同的力比多发展水平之间的"扩散"（spreading）（p. 73）就已经出现了。克莱因理解的发展，不仅是一个按次序展开的过程，也是一个"突如其来"（precipitation）（Bibring，1947，p. 83）的过程，也就是说，后期各个力比多发展水平的某些方面会在早期出现。克莱因认为，潜意识不会受限于线性的、顺序的成熟或发展模式。（也见 Boyer，1967，对克莱因发展理论中的共时性部分作了清晰的阐述。）

俄狄浦斯体验最早出现在四到六个月大时，这些体验被婴儿组织为口腔、尿道、肛门和生殖器幻想的混合物（Klein，1928，1932b，1952c）。例如，这些幻想可能包括将父母性交构想为：妈妈用嘴/阴道把爸爸吃掉了；妈妈体内有粪便宝宝；婴儿嫉羡地插入妈妈的身体，并摧毁了妈妈身体里的爸爸/阴茎/作为手足竞争对手的其他宝宝，等等（关于这些幻想的性质的详细描述，请参见 Klein，1932b）。我在第二章中已经讨论过，克莱因（1932b，1952c）将这些（在通过经验获得关于性解剖和性交的知识之前出现的）幻想内容理解为物种遗传的一部分。围绕着克莱因的发展时间表的这个部分，以及关于儿童的性和俄狄浦斯幻想的内容的性质，发生了激烈的争论（参见 Bibring，1947；Glover，1945；Waelder，1937；Zetzel，1956）。我认为，这方面的争论阻碍了我们，去充分探索和讨论克莱因理论中更为基本的观点中所隐含的意义，这个基本观点就是，俄狄浦斯情结是在抑郁心位的背景下被激发和解决的。下面，我将讨论，关于俄狄浦斯这出戏的上演是发生在"抑郁"（也就是历史性）背景中的这一点，我所理解的隐含之意。这些理念是克莱因不曾进行探讨的。

解决俄狄浦斯情境所需的关键情感能力包括：主体性、历史感、客体爱、对矛盾心理的兼容、哀悼、内疚和修补。在男孩的正向俄狄浦斯情境中，男孩对母亲的爱将他推入主观愿望的冲突中。他爱上了母亲，并潜意识地希望与之建立生殖器的和前生殖器的性欲关系；而与此同时，他也潜意识地感到，实现这些愿望意味着破坏神圣的法则（Eliade，1963；Loewald，1979）。这些来自文化的（由父母潜意识地传递的）法则包括对乱伦和弑亲的禁止。

在儿童生成的个人意义系统中，与母亲性交的观念涉及到退行至未分化状态，因此也意味着作为分离个体的自己和母亲消失了。除了这种自体和他人的消失，男孩还有想要杀死父亲、母亲和手足兄弟的愿望，一旦他们被体验为实现自己愿望的障碍。

这种愿望的冲突不可能出现在由偏执—分裂心位主导的状态中，因为那里尚不存在为自己的想法、感受和行为负责的主体。在一个人的想法和感受被体验为就这么发生了的事件或力量时，他不可能有冲突。他可能会对特定的内部或外部事件感到恐惧、哀叹或渴望（例如，一个原始部落的男人可能会向神明求雨，或者对自己看自己孩子的"邪恶眼神"感到害怕），但这些不是主体愿望的内部冲突。

俄狄浦斯情结对形成心理结构的影响，取决于儿童尝试解决这个主观愿望的冲突时采用的方法。如果分裂和再现（reenactment）被用作防御俄狄浦斯焦虑的主要方式，对心理结构的改变就会很有限。儿童会持续地让自己愿望冲突的多个极点同时存在（例如，男孩希望作母亲的丈夫和性伴侣，同时希望作她的孩子），并分别与体现他这些不曾放弃的愿望的每个部分的多个部分客体，建立一系列的关系。（关于使用分裂来管理俄狄浦斯愿望的例子，请参见第三章中 H 女士的案例。）

如果一个人在面临俄狄浦斯冲突时，能够维持抑郁心位所特有的完整客体关系、主体性和历史性，那么他不想违背神圣的乱伦和弑亲禁忌的意愿，就会战胜他想要将俄狄浦斯愿望付诸行动的渴望。这种对俄狄浦斯斗争的放弃发生的背景，既在心灵内，也在人际间。父母必须既能接受儿童的愿望，同时又保护性地禁止这些愿望。儿童潜意识的性愿望需要被父母承认，这样儿童才能将俄狄浦斯爱体验为，是自己的个人独特性、分离性和性身份认同整合的重要体现。儿童的弑亲愿望也需要被父母承认和接受，因为这些愿望同时也会为儿童试图在心理上超越对自己作为儿童的认同、并最终成为成人和父母的努力，奠定基础。"在我们作为自己父母的孩子的角色中，通过（在掌控俄狄浦斯情结的过程中）真正地获得解放，我们确实杀死了他们（指父母）身上一些至关重要的东西——虽然不是致命一击，也不是在所有的方面，但确实对他们的死亡起到了作用。作为自己孩子的父母，我们也经历了同样的命运，除非我们（通过不让他们长大来）削弱他们。"（Loewald，1979，p. 395）

不过，除了对孩子愿望的承认（以及 Loewald 所说的那种接受），父母还需要做更多。父母同时还必须支持，孩子试图保存自己和父母双亲的独立存在的努力，这种独立存在由于乱伦和弑亲愿望而受到了威胁。要理解这个情形中父母职责的性质，我们需要区分禁止和威胁。威胁试图通过在他人身上引发对于被惩罚和被报复的恐惧，来获得顺从。而禁止并不必需包括威胁；在电路保险丝盒子上出现的"危险"的符号，不需要被体验为威胁。在适当的情形中,父母禁止俄狄浦斯愿望的形式,主要是保护和照顾性的禁令,在孩子面临潜在的客体关系方面的危险时,为孩子提供安全。由于以牙还牙的原则构成了偏执—分裂心位伦理道德的重要方面,因此父母的禁止普遍被孩子歪曲并体验为,至少部分地是一种(阉割和杀婴的)威胁,是对孩子的性和攻击愿望的报复。在父母的禁止被体验为威胁的程度上,孩子内化了原始的惩罚性超我。对于惩罚者和被惩罚者、施害者和受害者的两极化是一种分裂,不涉及哀悼,也不会导向对俄狄浦斯情结的成功解决。

而另一方面,当父母的禁止被潜意识地体验为照顾性禁令时(即便在很大程度上是不受欢迎的),对颁布禁令的父母的认同,将同时促进对丧失的客体关系的哀悼(例如,女孩对父亲浪漫和情欲的关系),以及建立起对自己的性和攻击欲望的内在安全感。女孩对父亲性和浪漫的爱(或者男孩对母亲的爱)的放弃,并不是干脆利落的(那意味着否认),因此更好的描述可能是遗憾地离开。这种哀悼的痛苦,由于儿童在这个过程中获得的独立,而在一定程度上得以缓解。俄狄浦斯爱,就像任何形式的坠入爱河一样,具有成瘾的被驱使的性质。潜伏期年龄的儿童,从爱上被禁止去爱的客体的内心压力中解脱出来之后,将获得极大的轻松。从这种强烈而冲突的客体关系中获得一定程度的自由,使得儿童有机会开始发展出和父母分离的生活。

向禁止自己的父母认同,作为超我建立的基础,主要是被对父母作出修补的愿望所驱动,因为父母是自己爱着的,并且因为自己的谋杀和乱伦愿望,而对其感到内疚。通过内化父母对自己的性和攻击愿望的潜意识禁止,来变得像父母,这是一种试图对乱伦和弑亲幻想进行弥补的努力。但是,矛盾的是,恰恰是通过这个认同的行为,一个人得以为自己提供安全的内部环境,由此走向了独立的完成过程。

结论

从本章阐述的观点来看,"越过抑郁心位之后"有什么?这是一个基于错误理论构想的问题。抑郁心位的"抑郁"并不需要被克服或修通,来达到一个新的发展阶段。要想成为抑郁心位特有的那种有历史的人,感受到丧失、内疚、伤心、懊悔、悲悯、同感以及孤独是不可避免的负担,获得的则是具有主体感的人性和自由作选择的潜力。这是一个无法解决的两难困境:一个人只能呆在这里,接受所有好处和坏处,除非他退行性地逃入偏执—分裂心位的囚禁和庇护中;或者使用躁狂防御。

第五章　在偏执—分裂心位与抑郁心位之间

> 我认为阿尔戈和我处在不同的世界；我想我们觉知到的内容是一样的，但他用不同于我的方式来组织这些内容，并形成不同的对象。我想，或许他的世界里根本没有对象，只有一些极其短暂的印象以令人晕眩的方式持续上演。我将这理解为一个没有记忆也没有时间的世界；我在想，是否可能存在一种没有名词，而只有非人称动词和无变格词语表达的语言。
>
> ——豪尔赫·路易斯·博尔赫斯《永生》

在本章中，我将通过一系列临床片段来尝试捕捉，在偏执—分裂心位和抑郁心位之间移动的一些体验。我想用这些案例来举例说明，在前两章中阐述的偏执—分裂心位和抑郁心位的概念，如何可以促进非克莱因派治疗师的临床工作。[①]

在转向临床材料之前，我想首先概述一种心理病理学分类，它是基于前两章中阐述的、关于偏执—分裂心位和抑郁心位的存在状态的理论构想而作出的。对心理病理水平的这种理论构想，将被用作后面的临床讨论的背景。[这种分类是对比昂（1967）、弗洛伊德（1896a，1914，1915b）、克莱因（1935，1975）、费尔贝恩（1941，1944，1946）、Kernberg（1970）、McDougall（1974）、温尼科特（1959—1964）以及其他人工作的综合和扩展。]

发展得最好的一组（或者说"最高水平"的）心理障碍，反映了个人意义（包括欲望）范畴的冲突，这发生在一个充分发展的人格体系中，在这里，个人欲望可以被体验为属于他自己。他既是主体也是客体，他将自己体验为完整个体，跨越时间和空间持续地处在与自己和他人的关系中。他生活在多重象征意义的王国中。这种心理病理水平

---

① 在此我要感谢接受我督导的治疗师们，他们和我就自己临床工作所进行的讨论，极大地帮助我发展和明晰了很多在本章中讨论的理念。

的范例是神经症,我们理解,这种病理部分地体现在冲突的俄狄浦斯情结的意义中。在由冲突的个人意义构成的心理病理中,多种个人欲望——例如,男孩对母亲的性欲和孝顺的感觉——被痛苦地体验为是无法兼容的。个人意义系统的某些部分被否认属于自己,但却通过压抑以及其他相关的防御机制,如移置、情感隔离、理智化、症状的妥协形成等,而得以保留。用克莱因的术语来说,这是在抑郁心位发展出来的心理病理。

第二组,也是相对更原始的一组心理困扰,涉及到被困在被体验为物自身的"非人化的"意义中。欲望不是被体验为自己拥有的想法和感受,而是一些事情或力量,使自己被攻击、保护、淹没、窒息、生吞、掩埋或穿透。象征符号以一种象征性等同的形式出现。主体处于待发展状态,因此自体主要以客体的状态存在,可以做某事,或成为某个动作的对象,但不会将自己体验为欲望的创造者或体验的解释者。

这种心理病理形式的范例是精神病,它是在偏执—分裂心位发展出来的。在这种分类架构中,很大一部分的心理病理状态(包括边缘状况、病理性自恋、严重人格障碍、精神病性的抑郁、躁郁症以及倒错等),都被看作是抑郁模式和偏执—分裂模式之间的平衡以及交互作用方面的问题。我将在第八章讨论这些"平衡紊乱",我把这理解为,现实和幻想之间辩证关系的崩解。

第三组心理困扰("最低水平"的心理病理)涉及到对意义的排除。这是"无体验"的王国,在这里,潜在的想法和感受,既不像在神经症中那样被赋予象征意义,也不像在精神病中那样被允许作为物自身存在。这种水平的困扰的范例,包括心身疾病(McDougall,1974)、述情障碍(Nemiah,1977;Sifneos,1972)、精神分裂性的无体验状态(Bion,1959,1962a;Ogden,1981)等。在这种情况下,一个人存在着,但在他将意义排除的程度上,他已经在心理上死去了。精神病人至少还可以罹患某种心理疾病(尽管他将这些感受和观念体验为物自身),与将可能成为体验的内容让渡给身体疾病王国的状态(McDougall,1984a)相比,前者是一种更高水平的状态。我们需要记住,这三种心理病理水平会在每个个体中同时呈现,因此以心身疾病的形式排除意义,在对神经症和精神病人的治疗中,也可能是需要考虑的一个点。

有了这个对心理病理形式的粗略分组,现在我将要转向临床材料,通过这些材料来讨论,当病人在偏执—分裂心位占主导和抑郁心位占主导的两种存在状态之间移动时,他的经验组织模式和客体关系模式的变化。在讨论中我们也将看到,治疗师的倾听方式、他对治疗互动进行理论构建的方式以及他对病人的回应模式,也需要作出相

103

104

应的调整。

急性退行到偏执—分裂心位

当病人主要以偏执—分裂模式来运作时,治疗关系并不是在一整片被确认和共享
105 的经验的背景下发展的。在极端情况下,精神分裂症病人在每个新的感受状态下,都
会感觉出现了一个新的治疗师(Searles,1972)。

H先生是一位30岁出头的单身男性。从青少年起,他就遭受着强烈的偏执
性焦虑的折磨。在青少年晚期,他体验到周期性的混乱,无法去工作或上大学。
在接受高频心理治疗的七年中,他能够从大学毕业并在计算机领域担任要职。病
人有先天性心脏缺损,这让他母亲感到担惊受怕,并"为他做了几乎所有的事情,
就差替他呼吸了"。他的大多数发展里程碑事件都滞后于一般的时间表。他父亲
在他上学以前一直被排除在母子的紧密配对之外。而在他达到学龄时,他母亲突
然将病人扔给了他父亲以及前后几任管家来照顾。H先生的父亲毫不隐瞒,他承
认,他将病人体验为是个"包袱"。

在治疗中,病人非常害怕发展出对治疗师的情感和依赖。H先生持续地将治
疗师称为"不可或缺的恶魔,就像难吃的药"。在治疗的头几年中,H先生以分裂
样的方式,几乎没有真实的人际关系,而是用喧嚣的摇滚乐、电视和自慰来替代和
人接触。

在此我不想过多讨论,病人从对分裂样撤退和以投射性认同来交流的严重依
赖中获得进展,取而代之以更加成熟的客体关系,这个过程是怎样发生的? 在治
106 疗过程中,病人发展出了对治疗师强烈而矛盾的依附。随着这种依附的发展,病
人间歇性地体验到同性恋焦虑。有一次,H先生支支吾吾地提到,他的一位朋友
曾说,一个男人可以喜欢另一个男人,而并不必然意味着是同性恋。病人接着说:
"我刚刚意识到,这里正在发生类似的事情。但如果你提醒我,我说过这些,我会
否认的。你知道我会的。"

在这七年治疗的后期,病人的一位朋友介入了他终止治疗的过程,这严重激
化了病人对于自己依赖治疗师的焦虑。与此同时,病人报告说,自己卷入了和上
司的冲突,病人认为,这是由于上司不称职而引起的。H先生长篇大论地评论说,

如果上司开除他,他不会诅咒上司,因为他们两个人都知道,只要病人愿意,随时都能得到一份新工作。

治疗师在这个阶段的工作中,开始将病人体验为"粘人的"。治疗师将这种感受理解为,反映了病人害怕治疗可能永远无法结束,病人和治疗师将"一起老去"。治疗师在和病人在一起时体验到"幽闭恐惧"。直到事后回顾,在治疗师为这个案例寻求督导之后,他才开始理解,这种幽闭恐惧是来自病人的投射性认同①,在治疗师身上引发了与病人的父母亲(作为内部客体)所体验到的负担和窒息感相一致的感受。这种被引发的感受,强化了治疗师自己具有的(源自他自己的童年经历)、那个时候在很大程度上是潜意识的、对于自己想要抓住退缩的客体的恐惧。

治疗师没能处理好这种投射性认同的结果是,他做了一系列干预,这些干预反映了他害怕病人(以及自己)的愿望,即永远不要独立。例如,H 先生报告了一个梦,梦的显意(manifest content)是,病人有机会和从前学生时代的一位老师会面,这位老师是病人深深倾慕的。在梦里,H 先生对自己成就的一切感到自豪,但他害怕这位老师并不真的记得他。他也害怕这位老师过得不顺利。直到事后回顾时,治疗师才能将这个梦理解为,病人在表达对于完成治疗的焦虑。这在梦里表现为害怕被老师(治疗师)忘记,以及对于老师(治疗师)在分离之后是否过得好的焦虑。

另一次,治疗师将 H 先生的注意力引到了这样一个事实:现在,病人有能力处理之前他生活中处理不了的事情了。当 H 先生最终提到将于"某天"结束治疗的想法时,治疗师评论说 H 先生含糊其辞。这类干预大量累积的效果是,加剧了病人的焦虑,害怕自己会破坏性地耗尽治疗师,导致他过早地结束治疗。

在治疗师评论了病人对于结束治疗的想法含糊其辞的那个小节之后的周末,H 先生表现出明显的精神病状态,并被带到了当地的急诊室。治疗师接到通知,赶去和病人见面。H 先生显得很害怕治疗师,要求不要和他一起留在房间里。病人不时表现得极度激惹,叫嚷着说,治疗师是个危险狡诈的人,他谋杀并砍碎了几十个病人,将他们埋在自己办公室的地下,却假装是个"令人尊敬"的医生。

治疗师努力了几个小时,尝试与病人谈话。他几次谈到上个小节发生的事

---

① 投射性认同尽管是一种原始的防御和交流模式,却并不是偏执—分裂心位特有的。由于偏执—分裂模式和抑郁模式总是同时共存,因此投射性认同是任何心理状态和客体关系形式中都可能具有的部分。

情。他说，他相信，当他们讨论病人对于结束的说法时，H先生一定感觉治疗师想要除掉自己。治疗师说，他理解，这想必让H先生感到，这和H先生在孩提时代体验到的、被母亲突然而又决然地切断联系，有着危险的相似。病人不断强调，他不会继续被治疗师的诡计所操纵，不过他并没有试图离开房间。治疗师提到在之前治疗中两人一起经历的事件，但病人说，他认为这只是治疗师的另一个阴谋。治疗师有一种幻想，觉得这个在急诊室和自己谈话的人，和已经与之一起工作了七年的那个病人不是同一个人。

109 H先生拒绝服药，也拒绝向急诊室工作人员提供的其他治疗师寻求咨询。在接下来的四天里，病人持续处在偏执状态。治疗师留意到，H先生在治疗师办公室附近呆了很长时间，但治疗师既没有试图和他讲话，也没有为了避开他而绕道。他也没有对病人感到害怕。从这四天中的第二天起，当病人知道治疗师不在自己办公室的这栋楼里时，他会不时地呆在治疗师的等候室里。H先生最终打电话给治疗师要求恢复治疗。在恢复治疗后的第一次会面中，病人看起来像是和一个认识多年的人一起重新认识了自己，并试图确定这个他人在哪些方面发生了改变。他也表现出了对治疗师的愤怒和不信任，但这部分并不是压倒性的。

在接下来的几个月里，随着病人开始能够反思这个阶段的治疗，他说，在急诊室里以及在接下来的那个星期的大部分时间里，他确信治疗师已经谋杀了他，他是自己的鬼魂，拒绝死去。他觉得能够报复治疗师的方式是缠绕（haunting）着他，他猜想，这是为何他感觉到想要呆在治疗师办公室附近的强迫性愿望。H先生再三评论说，他对这段时间的回忆，感觉就好像在讲述一个梦，而治疗师就像是噩梦中的一个人物。他现在可以看到的因果关系像是一种事后回顾，因为在那个时候，他"并不基于任何理由而做那些事"，他做那些事只是因为他"不得不做"。他

110 说，他并不确定那个时候发生了什么，也不知道自己事后从中解读出了什么。事实上，有时他并不确定，自己是否已经完全回溯性地修补好了；他希望如此。H先生带着几分愉悦说，他对治疗师的缠绕是一种"良性的缠绕"，因为他花了很多时间来清除街道上的纸屑。

治疗师告诉H先生，他理解自己的评论听起来就像是反映了治疗师想要除掉H先生的愿望，这想必会令他感到恐怖。治疗师还说，他感到病人的逃走，既是害怕自己会被治疗师伤害，同时也是对治疗师的保护，以免自己的愤怒伤害治疗师。不管怎样，病人象征性地杀死和放逐了自己，并为治疗师提供了一种保护

性的监守。

在精神病发作之前的那个阶段，H 先生一度试图采用躁狂防御，包括对依赖的否认、对客体的贬低、用一个新客体代替原有客体的全能幻想。在这个阶段，H 先生的上司起到了移情性替代客体的作用。当病人不能再维持躁狂防御，就发生了全面的退行。为了逃离对于丧失客体和毁坏治疗师（一个病人迄今为止矛盾地爱着的客体）的恐惧，H 先生对历史进行了激进的改写。治疗师尽管在身体上是可辨识的，但在情感上变成了不同的实体，不再是一个与病人有着大量共享经验的人。事实上，对新事实的发现改变了一切。治疗师被体验为一个揭开了真面目的骗子。在这种状态下，对于在治疗结束后，会丧失治疗师的可怕预期以及害怕伤害治疗师的恐惧，转化为发生在受害与施害的客体之间的一系列攻击与反攻击。

在事后回顾时，我们可以将病人关于"如果日后被要求承认对治疗师的情爱—性欲的兴趣，自己将会否认这一点"的评论，解读为病人的一种愿望，即历史可以出于防御的目的而被否认。在抑郁心位，这种否认蕴含着对于自己与另一个人相关的部分加以隐藏和保存的潜意识行为（即压抑）。当病人退行到偏执—分裂心位时，这种否认变得更为深刻，并涉及到对历史整个的改写（基于分裂），因而导致了病人及其关于他人的体验变得不连续。当下被沿着时间轴向前和向后投射，破坏了作为持续演进的过程的历史，创造出永无止境的当下。每个新的情感状态都被体验为，发现了真相，从而将之前的体验驳斥为虚假的幻象。

现在，我要请读者注意，在技术上处理这个个案的两个方面。首先，在处理退行到偏执—分裂心位的状况时，可以尝试给出移情解释，并评估它的效力。我相信在这里对退行意义的解释是准确的，即这是病人对于自己被抛弃和想报复而引发的恐惧的一种应对。然而，由于病人在那时几乎无法区分内部和外部现实，因此他利用语言解释的能力大为受限。对解释的利用，需要一个能够在象征符号和象征所指之间居中调停的主体，这个主体将自己体验为，既不是象征符号，也不是象征所指。不过，即便是在深度退行状态，人格中总是有一部分保持了作这种区分的能力（除非是在全面爆发的躁狂和偏执状态）。因此，解释对于处理各种程度的退行，都有一定的作用（Boyer，1983；Boyer & Giovacchini, 1967）。

其次，治疗师在一个延长了的访谈中，即便受到病人的攻击，依然能够持续在场，这对病人的精神病性体验起到了涵容作用。病人感觉自己濒临崩解，这表现为被砍碎

111

112

的病人埋葬在治疗师办公室地下的妄想。治疗师不带报复心地尝试去理解病人的体验，这为病人提供了通向整合性互动的入口。病人没有从谈话的房间逃走，也没有接受药物或其他治疗师的替代。他把治疗师当作"涵容性的存在"（containing presence）①来使用（包括在访谈中，之后坐在治疗师的等候室中，以及在他办公室附近消磨时间），而不是当作理想化的保护性客体或迫害性客体来使用。

H 先生将治疗师当作"涵容性的存在"来使用，促进了他的重新整合，并再次回到作为客体的治疗师那里。在这时，治疗师给予了病人，之前曾在急诊室给过的同样的解释，但由于病人能够更加充分地作为主体再度出现，现在，他能够以不同的方式参与互动，在这个过程中使用象征符号，以在自己和自己当下的生活体验之间作中介调停。

抑郁心位的突现

识别出偏执—分裂模式和抑郁模式的特点，对于临床实践的重要性，不仅局限于帮助处理像上节讲到的这种戏剧性的退行。有些病人几乎每个小节都会在两种心理组织模式之间来回摆荡。不过，在下面讲述的案例中，在部分客体关系长期持续存在的背景下，治疗师几乎从未被承认为主体，这时，抑郁心位模式的突然出现，可能会非常引人瞩目。

一位治疗师在大清早常规工作时间之前会见 L 先生。当时这位病人接受了一份新的工作，不得不做这样的安排。在为期两年半的这些大清早的面谈中，L 先生对这个时间的承认，仅仅表现在，他会偶尔抱怨，这样的安排给他带来了不便。因此，某天早上，当病人说，这令他感到尴尬，他之前完全无视这个时间安排同样给治疗师带来了不便，治疗师听后感到很惊讶。L 先生担心，他可能"错过"了一些对于其他人来说是显而易见的事情，这可能会将他置于社交和职业发展上的不利地位。病人经常和女人以及商业伙伴建立相当冷酷无情的关系。他觉得"事情就应该这样做"，并不为自己的这种生活方式感到忧虑、内疚或歉意。

治疗师当时没有就病人对自己的观察作出评论。然而，病人可能"错过"

---

① 与一个涵容性存在的关系这个概念，在克莱因（1955）那里，仅仅被隐含地提及。温尼科特将这个概念置于核心地位，对此我们将在第七章进行讨论。

(missing)了什么的念头,在一段时间里被病人自己用作一个观念网络的枢纽,他可以不断地回到那里。对 L 先生来说,"错过"这个词的意义,在治疗过程中得以扩展,不仅意味着未能觉知到一些他可以用于"处理"他人的东西,还意味着漏掉了一些其他人可以感受到的感受。这最终导致了一种"部分的自己丢失(missing)了"的感觉。这里,病人在治疗中呈现的稍纵即逝的同理心,反映了他开始有能力觉察到他人的主体性。

下面是开始出现从偏执—分裂心位向抑郁心位移动的另一个案例,这一次,移动体现在,病人在移情中尝试修补的形式发生了改变。

C 女士经常表达对治疗和治疗师的不满,但却给治疗师带来了一年一度的圣诞礼物。她甚至在前一天还在责骂治疗师,但在她带来礼物的那一天,一切都变得完全不同。空气中洋溢着愉悦的氛围,这令治疗师感到震惊,即便这样的事情已经发生了好几年。治疗师将这些礼物体验为"特洛伊木马",以平静给予的方式掩盖着愤怒,她要求治疗师向她的愤怒投降。

每次收到圣诞礼物时,治疗师都会就病人拒绝思考送礼物的含义的阻抗作出解释。病人潜意识地将治疗师这些对阻抗的解释,看作自己的修补愿望未能得到承认或接受。因此,病人立刻变得暴怒,并顽固地拒绝向治疗师提供任何想法。病人需要自己的全能愿望被不加改变地完全接受,治疗师关于这一点的理解是对的。但是,治疗师没能识别和承认,这种愿望部分地具有修补的性质,导致病人从修补的姿态中防御性地退缩,代之以原始的敌意。

在治疗的第四年,治疗师由于一位亲人去世而需要突然离开两周。这是唯一一次治疗师不得不临时取消 C 女士的治疗小节。治疗师打电话给病人,告诉她有意外发生,自己将要离开两周。治疗师回来时,C 女士带来了自己烘焙的食物。食物本身并不是礼物,真正的礼物是,病人愿意尝试去谈论馈赠的意义。在此之前,礼物本身具有的魔术般的修补功能,扫去空气中的阴霾,创造出良好的氛围。而现在,病人似乎意识到,给东西本身是无效的,她对治疗师表达修补愿望的努力,必须发生在一个主体间的过程中,在这个过程中,病人将一些自己的东西给予治疗师,这个自身具有主体性的独立的人。

在此前的治疗中,病人不能充分地同感治疗师,理解治疗师想要什么。治疗师几乎完全被当作病人一个或多个内部客体的外化来对待。在治疗师离开两周之后的这次送礼事件中,病人似乎真正地给予了治疗师一些东西,她自己的创造物(她烘焙的食物以及她思考的想法),因此也就象征性地给予了属于她自己的东西。而且,我们可以猜测,用食物作为礼物,可能具有特别的同理心方面的意义,它可能反映了——病人意识或潜意识地猜测到有死亡发生,并且作为口欲象征显示的食物,可能在居丧期间会安抚治疗师。

当病人给予食物以及给出相关的联想时,治疗师简单地表达了感谢,而没有就病人对于进一步联想的阻抗作解释。这使得病人感到,她想要对自己的所作所为(以及所想)进行修补的愿望,被治疗师接受了。这个共享的经验可以在日后进行讨论,也确实讨论了。此后当病人给予礼物时,治疗师不再立即解释病人相关的阻抗。原先治疗师对阻抗的解释,表现了治疗师方面掩藏的反击,因此是移情—反移情活现的一部分。

当治疗师感觉不得不立即对移情导致的、治疗内或治疗外的行动化作出解释时,无论是针对表达性的部分还是阻抗的部分,都是不会成功的。治疗师可能需要数月甚至数年时间,才能找到有效的方式来作解释。不过推迟作解释,并不必然意味着,治疗师在进行一种仅仅试图提供矫正性情感体验的治疗。

心理现实的创造

在治疗过程中,当象征符号和象征所指之间的空间被创造出来时,分析工作就有可能呈现不同的模式。具备这种对象征符号和象征所指作区分的能力,使得病人能够将自己的想法、感受、觉知和行为看作是一种建构,而不是客观事实的非人化的登记注册。只有当一个人的行为被看作(至少部分地是)个人象征建构时,他/她才可能对自己为何做某事,如何做,和谁一起做,以及何时做的等这些问题感兴趣。

一位贪食症病人在治疗进行了一年之后,第一次意识到这样一个极具讽刺意义的事实:为了消除贪食症,自己"牺牲"了大量的时间、金钱和精力来做治疗,但却在每个治疗小节之后,精心安排时间进行"暴食"。在此前的治疗中,她仅仅是这样做了,而从来不曾在意识层面思考这件事。当她的心理状态发生变化,并体现在她觉察到自己行为的讽刺性时,治疗师就有可能利用病人不断提及的自己的攻击、苛求和掌控的潜在力量，来帮助病人理解，自己在治疗会谈之后，以贪婪吞食食物的方式，在内心（潜意识地）保护治疗师，以免被病人生吞。之前是发生在病人身上的事情（暴食的需要），现在变成了她的愿望（以特定的方式进食），目的是偏转感到治疗师处于危险中的感觉，从而保护她与治疗师的关系。

弗洛伊德（1932）对分析目标的陈述"'它'在哪里，'我'就会在哪里（或者试图去哪里）"（"WoEs war, solllch werden"）[①]，是对于从偏执—分裂状态向抑郁状态移动、所涉及的体验上的变化的雄辩的描述。从这个角度来看，精神分析的目标是：将发生在我身上的非人格的事件（它，例如，焦虑"发作"，抑郁的"浪潮"，无法抗拒的对暴食、毒品或将自己置身于人身危险的处境中的"需要"，等等），转化为带有"我"的品质的体验。例如，强迫性地让自己挨饿，在此前可能意味着无可抗拒的紧迫需要，现在可能开始被体验为我在做的事情，并且我需要以特定的方式来做这件事，因为我确信（出于我可以尝试去理解的原因），如果我让自己挨饿，就不会被他人或自己控诉为贪婪的、倒错的、凶残的。口欲剥夺是我的信念的一种表达方式，即进食将导致我的身体具有可怕的重量、体型、尺寸、结构、气味等，所有这些都是关于我做了什么、我是怎样做的，以及我这样做的原因等的可耻证据。在"它"变成"我"的过程中，我开始有可能理解，为何我要如此紧紧地抓住这种信念，我是怎样发展出这种信念的，以及要放弃这种信念我将感受到的痛苦的性质。

俄狄浦斯水平的移情与反移情

通常，当病人开始进入由抑郁模式主导的经验领域时，和俄狄浦斯情结有关的内容开始出现在移情和反移情中。俄狄浦斯场景所涉及的这些感受，如矛盾的三角客体关系、内疚、妒忌、竞争等，反映了建立完整客体关系的能力正在顺利发展。在偏执—分裂心位存在着这些体验的原始先驱，例如，对客体所拥有的东西的嫉羡。然而，在偏执—分裂心位中的经验品质，和在抑郁心位发展起来的俄狄浦斯场景，有着明显的差异。例如，想要击败和杀死自己同样也爱着的那个人所涉及到的焦虑和内疚，与希望毁灭或偷

[①] Strachey 将这个陈述错误地翻译成了"本我在哪里，自我就会在哪里"（弗洛伊德，1932，p. 80）。弗洛伊德（1926）对于"做作地使用希腊语词汇"来标示这些自体和（我们内部的）无生命的非自体的日常经验，作出了明确的警告。

走被分裂出来的坏客体所拥有的有价值的(令人嫉羡的)东西,是完全不同的体验。

一位治疗师和D女士在高频心理治疗中已经工作了五年。治疗是卓有成效的,这位起初被诊断为精神分裂症的病人,其自我运作方式和关系模式都变得日益成熟起来。分析工作围绕着病人对于与治疗师的融合、占领治疗师或被治疗师占领的恐惧展开。D女士经历了阶段性的对治疗师的暴怒,其中有几次表现为在治疗中尖叫。然而,大量的愤怒被移置到了病人的丈夫身上,病人和他发生了暴力的肢体冲突。在这些冲突中,原始的性欲感受被伪装成愤怒,并和愤怒混淆在一起。在治疗中还有很长一段时间,D女士从治疗师那里畏惧地撤退,在很多小节里都只是安静地坐着。

治疗师把这种极其强烈而耗人的移情感受,理解和解释为病人与其母亲关系中某些方面的重复。D女士的母亲是一位慢性抑郁的女性,极度依赖病人作为倾泻自己痛苦的容器。同时她也会周期性地突然对病人暴怒。在治疗过程中,D女士开始理解,当她感到母亲正"从她身边飘走"并为此感到焦虑时,就会潜意识地激起母亲的暴怒,以此来巩固她们之间的连接,病人开始看到,自己在这个过程中所起的作用。

在治疗的第五个年头,治疗师开始意识到,虽然他一直都享受和病人的工作,但现在,他第一次发现病人具有性吸引力。在这个阶段,D女士完全没有报告梦(这和之前她提供了丰富的梦的素材形成了鲜明的对照),并且她看起来在羞怯地闪躲,而不像之前那样暴怒或畏惧地退缩。

在治疗的头几年中,病人感到自己与治疗师以及她丈夫相比,很弱小、能力不足。她把治疗师和她丈夫都理想化地看成强大的、保护性的男人。病人无法从与丈夫的前戏和性交中得到快乐,但是很享受在性爱前后和他依偎在一起。

在治疗师开始觉察到病人的性吸引力之后的那个阶段,病人对性的态度发生了显著变化。她开始抱怨,丈夫在性方面的笨拙和不敏感。她在和丈夫做爱时,会幻想自己在和别的男人做爱。D女士开始认真考虑离开丈夫。在这个阶段,病人在其他男人(包括治疗师)面前,会体验到强烈的焦虑。她觉得焦虑来自于,害怕被看到有性方面的想法和感受。她想象,如果有人知道她有性感受,她会觉得很羞辱,即便在理智上,她知道性感受是普遍存在的。最终病人开始意识到,最令她感到羞辱而害怕暴露的,是她想要和治疗师发生性关系的愿望。她觉得这之所以令人羞辱，很大一部分原因是因为，这是单方面的，她感觉自己像个可怜的傻瓜。

到目前为止，病人在治疗中几乎没怎么提过她父亲。但在这个阶段，她讲到，她被告知，父亲在她还不到两岁时就抛弃了家庭。父亲后来再婚，并在病人的儿童期以及成人以后的生活中，以一种无法预测的方式与病人保持着联系。病人与父亲的关系的特点是，将他的新家庭理想化，并痛苦地感觉自己被这个新家庭排除在外。病人将害怕自己在与治疗师的关系中像个傻瓜的担心，与感觉自己对父 *122* 亲的爱从未得到承认和珍惜联系在一起。

这里的工作听起来很熟悉，似乎意味着，基于完整客体关系的俄狄浦斯移情感受的分析工作开始了。但是，仅仅在这个层面上对这些材料进行分析是不完整的。围绕着这些自我反思的分析工作，存在着某种形式的活现，传达了另一个层面的意义。这个阶段的工作不断地被危机打断。例如，D女士会在深夜给治疗师打电话，哽咽着说她感到无法呼吸，为了第二天将要独自去工作而感到强烈的焦虑。她已经拖欠了工作，并感觉自己完全"没有准备好"去重新面对它。治疗师当时对病人说，他感到，病人一定觉得没有准备好如何去面对，她在当天那个治疗小节中所体验到的那些感受，她害怕下一次会面到来之前，自己无法独自处理。

在两天后的下一次会面中，D女士说，她对于治疗师让她做一些事情（例如，去想在面谈中发生的事情）而感到恼怒，因为她打电话给治疗师的本意，是想要让他为自己做一些事情。但与此同时，她注意到，自己的愤怒起到了转移和缓解当时的焦虑感和恐惧感的作用。在电话交谈过程中，她感觉自己呼吸更顺畅了。她说，她越想越觉得，也许治疗师刻意地制造了这样的效果。她意识到，如果真是这样，那她将会再次陷入对治疗师的强烈依赖之中，而这是她不想要的。治疗师留 *123* 意到，病人防御性地将自己的失望和恼怒转化为魔术式的理想化，不过他没有对病人作这个解释。

我们可以把这个阶段治疗中发生的危机理解为：治疗师和病人在面对以俄狄浦斯性质为主的冲突的移情感受时所产生的焦虑。在危机中活现的，是通过重新制造出偏执—分裂心位特有的、原始客体关系中所涉及的、未经中介调停的感官封闭性（Sencory closeness），以从完整客体关系中逃走。在抑郁心位主导的模式中，观念、感受和梦被置于病人和治疗师之间的分析空间，供双方反思和体验。

与此相反,危机并不是出现在两个独立的人之间的事件,而是两个人"一起出现在"这些事件中。在一次危机中,病人问治疗师:"我们该怎么办?"危机是试图重建未经中介调停的感官封闭性的努力;当病人以成熟的模式建立关系时——这种模式涉及到,由使用象征符号来交流和自我反思的两个独立主体居中调停的亲密关系——她极度怀念过去那种紧密感(closeness)。完整客体关系带来的不可避免的孤独感(对于独自去工作,或是在两个小节之间独自处理自己感受的焦虑),是病人觉得"尚未准备好去面对的东西"中的一部分。

因此,D女士在这个阶段心理治疗的特征是,抑郁模式的进一步发展,包括对基于完整客体关系的俄狄浦斯性质的移情和反移情的具体展开。防御性地退行至偏执—分裂心位,是由病人想要从个人化的俄狄浦斯意义的冲突中逃走,从在抑郁心位中有象征介入的体验所不可避免会带来的距离感/孤独感中逃走而驱动的。

俄狄浦斯情结促进了对三角关系的体验。拉康(1957,1961;也见 Lemaire,1970)讨论了"父亲之名"作为符号和名称的载体,如何在母亲和婴儿之间起到核心的中介调停作用。如果没有通过婴儿与父亲潜意识地认同来引入这个第三者,没有语言所提供的符号体系,婴儿永远不能将自身与母亲以及与自己的体验拉开足够的距离,从而能够对体验进行调停(自我反思)。

下面的临床材料,来自一位遭受严重困扰的边缘女病人的心理治疗。这段材料就俄狄浦斯结构在抑郁心位的个体化过程中所起的作用,提供了另一个例子。

N女士是一位 27 岁的大学生,她在开始心理治疗之前的五年,即从 21 岁开始,就患有贪食症。贪食症状在治疗的前四年中持续存在。在第四年时,病人和一位大她 30 岁的大学教授进入了一段色情性的浪漫关系。现在,在我们要讨论的这个治疗阶段,即这段关系的第二个年头,这个关系不再纯粹是性的关系。以下片段发生在治疗第五年的一个小节中。

病人在这个小节的开始告诉治疗师,自从他们上次见面之后的两天里发生了很多事,治疗师需要坐好仔细听。病人告诉治疗师,前一天她在公园学习时,曾经和一个比她大几岁的非常英俊的男人聊天。N女士想知道,治疗师是否嫉妒病人表现出来的对其他男人的兴趣,甚至觉得,他也许会怀疑 N 女士故意要让他嫉妒。

在这个治疗小节当天的上午,上课之前,N女士和那位她迷恋的老师交谈。

她谈起公园里遇到的那个男人,并夸张地表达了她对那个男人的兴趣。在之后的交谈中,她调情地问老师,如果她和公园里遇到的那个男人结婚,老师是否会在婚礼上把她交给新郎。老师说:"我会的,但我会很不情愿。"

这位老师当时正在组织一个学术委员会,邀请病人和其他几位学生加入。病人找了个借口拒绝了,尽管她很想加入。她觉得之所以不能加入,是因为委员会开会的时间,在她通常用于进行自己精心安排的暴食和呕吐之前的仪式的时间。N女士哭了,恳求治疗师不要试图让她放弃暴食和呕吐,因为她觉得,如果没有这些,她就活不下去了。

在这次会谈的开始,N女士要求治疗师不要打扰她的白日梦,一个当着治疗师的 *126*
面做的俄狄浦斯性质的浪漫白日梦。病人部分地意识到,自己试图引起治疗师/母亲的嫉妒,但她没有意识到,自己在试图获得治疗师的许可,允许她对治疗师以外的其他人感兴趣。(在象征层面上,病人是在要求母亲,祝福她想要和父亲建立俄狄浦斯浪漫关系的愿望。)

病人与之调情的那位教授,直觉地承担起了忠诚的父亲的角色,他陷入了一份痛苦的、与"女儿"的浪漫关系,他不无遗憾地明白,这种浪漫关系不能公然地性欲化,而且到头来自己必然会被另一个男人取代。病人卖弄风情地用她和一个年轻男人的故事来戏弄老师,老师带着嫉妒以自己的邀请作为回应。他对病人幻想的见诸行动,对病人来说部分地获得了满足,但也部分地感到惊恐。

与移情性的父亲之间的浪漫关系作为关键分化物,起到了介入母亲/治疗师和女儿/病人之间的作用。父亲的情感在场引入了第三者,一个处在母—婴二元体之外的位置。这个第三者提供了一种可能的视角,女儿可以从这个视角(通过认同)来看自己,以及自己与母亲的关系。从这个角度来说,俄狄浦斯情结是摆脱偏执—分裂心位的非反思性二元关系的出口。然而,N女士对于这个出口的使用,有着深度的分裂。事实上,她告诉自己和移情性的父亲(教授),自己对内部客体母亲的忠诚是第一位的。她不愿也不能放弃与内部客体母亲的连接(表现为贪食症状),到足以为第三者腾出空间的程度。这种与内部客体母亲的原始连接,是与俄狄浦斯情境中的父亲或母亲的连接所无法比拟的。暴食和呕吐这个母亲,是一个身体功能性的母亲,是和自己不可分 *127*
的,她把这个母亲吞进去,与自己的血液混合,然后再吐出一部分,以免自己消失在这个母亲之中,或被她占领。病人对这个母亲带着冲突的忠诚,被其奴役和缠绕。治疗师作为俄狄浦斯性质的客体母亲,威胁要干涉病人与内部客体母亲之间更为原始的连接,这个连接是以暴食和呕吐行为,以及之前与治疗师之间的共生移情关系建立起来的。病人乞求俄狄浦斯客体母亲/治疗师,不要坚持让她放弃与更原始的内部客体母亲之间的连接。

病人引入了对老师的浪漫/性关系,这意味着同时在客体关系和象征形成领域引入了第三者。N女士在发展出对老师的"迷恋"的同时,也开始对经验(如自己的暴食)的意义感到好奇。病人作为解释性主体,能够作为介入象征符号和象征所指,也就是自己的想法(象征构建)和所想的对象(象征所指)之间的第三实体来运作。

在上述N女士的案例中,我们可以看到,病人深受引入第三者的可能后果的折磨。第三者能够缓解病人陷入对治疗师依赖的痛苦感受;但与此同时,放弃这种在与母亲/治疗师更为原始的关系中体验到的、未经中介调停的紧密关系,会令病人产生强烈的丧失感。由放弃这种(幻想中的)维持生命的关系形式所引发的痛苦,是"抑郁"心位中的抑郁的一个重要方面。

反思性距离(reflective distance)的创造

进入抑郁心位的另一个临床特征,是发展出与自己的反思性距离,从而主格我(I)可以观察宾格我(me)。一位病人将自己尚未发展出这种能力之前的体验描述为"慌张的行动"(flurry of activity):

> 一位一年没见的朋友告诉我,在今天之前,他感到,当他看着我的眼睛时能够看穿我。我知道他是什么意思。所见即所得。他并不是要冒犯我。我习惯于直接而诚实地击中他的要害,而他喜欢我这一点。他不确定,他是否喜欢我变得更加神秘难懂,也许甚至有些虚伪。
>
> 这并不像是我躲在角落里观察自己。对自己的觉察和行动是同时发生的。走路时,我能感受到风吹在我的小腿肚上。并不是说我以前从不思考自己或自我反思,但现在是不同的。
>
> 有一个我,我的里面有某种东西,不,不是某种东西,而是某人,但因为这个某人在我里面,于是我就能对这个某人是谁有一些理解,而不仅仅是成为它。有时这和感觉到我身体里有一个物理空间这样的感受相关,但有时这存在于我的头脑

里,而不是我身体里面特定的某处。这是一种感受,而不是一个具体的地方,但感觉上就像是一个地方。

结论

我给出这些临床描述,是为了尝试对偏执—分裂心位和抑郁心位经验模式的概念化如何能够帮助治疗师组织临床材料,提供一种直观感受。我希望,对这些理念的使用,能够在治疗师帮助病人努力更充分地成为主体的同时,帮助治疗师对"它"的状态有更好的共情理解。

第六章　内部客体关系

客体关系理论,常常被误解为仅仅是关于人际间互动的理论,从而偏离了对潜意识的关注,但事实上,它是关于潜意识内部①客体关系与当下人际互动体验之间动态相互作用的理论。对内部客体关系进行分析的核心,在于探索内部客体之间的关系,以及病人在面对当下体验时,会以怎样的方式抗拒改变这些潜意识的内部客体关系。经典理论中不包含"内部客体"概念,但它包含了记忆痕迹、自体和客体的心理表征、内摄物、认同、精神结构这些与之相关且部分重叠的概念。

132　　我在本章提出的论点是:客体关系的"内化",必然涉及到自我②分裂为多个部分,并通过压抑形成了多个内部客体,这些内部客体处于特定的潜意识的相互关系中。内部关系会被早期的外部客体关系塑形,但与其并不存在一一对应的关系,而且内部关系有日后被经验修改的潜在可能。通过投射和投射性认同,内部客体关系可以在日后被再次外化到人际场景中,因此产生了分析中的移情和反移情现象,以及其他一切人际互动。

　　我进一步提出,内部客体可以被视为自我的动力性潜意识子组织,有能力生成意义和体验,也就是说,有能力思考、感受和觉知。这些彼此处于潜意识的相互关系中的子组织包括:自我的自体子组织,即自我中的、令这个人更充分地将自己的观念和感受体验为属于他自己的那些部分;自我的客体子组织,它通过由自我的一部分向客体认同这种模式来生成意义。这种对客体的认同是如此彻底,以至于其早年的自体感几乎丧失殆尽。对内部客体关系的这种理论构想,远远超出了经典的自体和客体表征的

131　① 在本章中,术语"内部",并非指代一个地理位置,而是一种个人内心事件(即涉及单一人格系统的事件),而不(与之相对的)涉及两人或多人的人际互动。

　　② 术语"自我",用于指代人格中的一个方面,它能够生成意识和潜意识的心理意义,包括觉察意义、认知意义和情绪意义。随着发展的进程,人格中的这个方面变得越来越有能力,它不仅能在思考、铭记、爱、恨等过程中将个别的意义组织和联系起来,还能调节从早年的整体中分裂出来的自我的多个子组织之间的关系。

概念（Hartmann，1964；Jacobson，1964；Sandler；Rosenblatt，1962）。我在此提出的观念是：自我被分裂为多个部分，这些部分各自有能力通过某种模式来生成体验，这种模式或者是效仿早期外部客体关系体验中对客体的感知，或者是效仿在上述客体关系中作为自己的体验。自我的这两个部分保持着联系，并通过压抑，形成了潜意识内部客体关系。

对内部客体关系的这种理论构想，是弗洛伊德、亚伯拉罕、克莱因、费尔贝恩、温尼科特和比昂等人著作自然发展的结果。虽然这组分析师的理论之间有着显著差异，但他们每个人都讨论了内部客体这一概念，并且前一个人的著作奠定了后一个人工作的基础，他们的著作共同构成中客体关系理论的思想主干线。我将分别讨论他们每个人对内部客体关系概念的贡献，并对内部客体关系的本质提出一种整合性的理论构想。然后我将展示，我提出的这种内部客体理论的视角，可以用于更充分地理解移情、反移情、阻抗等临床现象。

一种关于内部客体的客体关系理论

弗洛伊德

弗洛伊德没有使用"内部客体"这个术语，也不曾提出任何与我们将要讨论的关于内部客体的客体关系概念相当的理论构想。在《梦的解析》（*The Interpretation of Dreams*，1900）一书中，弗洛伊德暗示说，潜意识的记忆痕迹，可以使与被遗忘的早期经验相关的感受持续存在，通过梦和症状形成来寻求关注，并迫切需要在意识层面的表达、梦的呈现以及在症状行为和人格病理中的象征性呈现。弗洛伊德于1914年提出了一个理念：在某些情况下，关于客体的潜意识幻想，可能会取代真实的人际关系。

在《哀伤与抑郁》（"Mourning and Melancholia"，1917）一文中，弗洛伊德将认同视为一种手段，以此，一个人不仅铭记丧失的外部客体，而且部分地在情感上，用自己的一部分，通过效仿来取代这个客体。弗洛伊德描述了在抑郁症患者中，与外部客体之间的关系，被"转化……成为自我的批判行为以及通过认同而被改变了的自我二者之间的冲突"（p. 249）。换句话说，外部关系被内部关系取代，这种内部关系涉及到，一个人通过自我分裂而产生的两个活跃部分（active aspects）之间的相互作用。

在1923年，弗洛伊德对认同这一概念进行了扩展，不仅包括自身对外部客体的效仿，而且还包括外部客体的功能被安置到心灵内部的过程，就如同在超我形成的情形中那样。弗洛伊德(1940a)在晚年对自己的结构形成理论——也即一个新的活跃代理者(active agency)的生成过程——总结如下：

> 外部世界的一部分，至少是局部地，在其作为外部客体的身份被抛弃的同时，却通过认同被吸收进自我，并成为内部世界不可或缺的一部分。这个新的精神代理者，继续执行着此前由外部世界中的他人(被抛弃的客体)所执行的功能：观察自我、给出命令、作判断、威胁要给予惩罚等，完全就像被其取代的现实中的父母之前所做的那样。(p. 205)

由此，弗洛伊德提出了一个模型：外部客体"通过认同……被吸收进自我"。他进一步解释说，将客体吸收进自我，涉及到建立"一个新的精神代理者"，即人格中的一部分。这个部分有能力在内部世界中，执行之前在外部世界中由客体所执行的功能。这个新的代理者处在与自我的相互关系中，并且能够觉察、思考、回应和发起行动。此外，这个代理者还拥有自己的动机系统："它观察自我、给出命令、作判断、威胁要给予惩罚。"弗洛伊德在此描述了一个正常发展序列，沿着这个过程，儿童以他与外部客体之间的关系为背景，发展出拥有独立动机、与自我其他部分之间保持着客体关系的自我子组织。

弗洛伊德在《恋物癖》("Fetishism"，1927)以及《在防御过程中自我的分裂》("Splitting of the Egoin the Process of Defense"，1940b)两篇论文中，采用了"自我的分裂"①这一概念，来解释一个人如何可以同时知晓和不知晓。换句话说，自我可以被防御性地分隔，以便基于对现实不同版本的理解来各自运作。这既是对超我形成中所涉及的自我分裂过程的阐述，同时也将这一概念，从超我形成中所涉及的分裂，扩展到了用于解释对人格的内部划分。

亚伯拉罕

弗洛伊德的观念——精神结构或称"代理者"在"内部世界"中运作，而这个"内部世界"是在一个人与其外部客体之间的早期关系这一背景中发展起来的——构成了一

---

① Betteiheim(1983)指出，"the ego"(自我)是对德语词汇"das Ich"的错译，更准确的翻译应该是"the I"(主格的我)。短语"splitting of the I"(主格我的分裂)，相比为非人化的短语"splitting of the ego"(自我的分裂)，能够更好地捕捉到"某人的具有思考、觉察和创造经验等能力的子成分"这一概念。

个理论框架,使得所有对客体关系理论的后续贡献得以从中发展。卡尔·亚伯拉罕的著作,对于精神分析理论中客体关系分支的发展,起到了关键作用,尤其是为克莱因和费尔贝恩各自理论的发展奠定了基础。亚伯拉罕(1924)的著作遵循弗洛伊德的本能性欲理论的框架,不过相比弗洛伊德,他把重点更多地放在了力比多发展过程中客体所起的作用方面,更强调内心生活中潜意识幻想的地位。亚伯拉罕将早期发展过程划分为前矛盾、矛盾和后矛盾三个阶段,这是克莱因和费尔贝恩后来提出的早期心理组织中的分裂①水平和抑郁水平的前驱概念。亚伯拉罕关于不同形式的对客体的矛盾心理的理论构想,隐含了这样一种理念,即,在关于自体—客体分化的经验中,存在着多种形式的心理冲突。

克莱因

如果说亚伯拉罕对于客体关系理论的贡献主要来自于,在弗洛伊德提出的理论框架内对重点进行了转移,那么梅兰妮·克莱因(1975)则通过将潜意识的内部客体关系置于首要地位,而引入了组织临床以及元心理学思考的全新视角。克莱因(1946,1958)将婴儿设想为,在出生时就具有一个自我,这个自我虽然原始且组织松散,但却不失整体性,它存在于与同样被体验为整体的客体之间的相互关系中。当死本能引发了因感到濒临灭绝而导致的难以忍受的焦虑时,婴儿在此压力下,将自我和客体根据与客体相关经验各自分裂为好、坏两部分,使之(因为被分开了而)更易于处理,试图以此防御性地将自己与自己感受到的毁灭感拉开距离。用不那么机械力学的术语来说,婴儿将自己与母亲之间的关系看作,仿佛是分别存在于明确无误的爱的自体和客体之间,以及明确无误的恶意的自体和客体之间的多个关系,从而将这个难以掌控的复杂关系(包含了同时并存的,朝向母亲的,以及感受到来自母亲的,恨和爱的感受)简化了。婴儿采用投射性和内摄性幻想的手段,使自己与客体的关系的这些部分相互分开。婴儿将这些关于自己与客体的关系的经验进行分裂,从而创造出一个心灵避难所(摆脱敌意和破坏性的感受),在其中他得以被安全地喂养,安全地从母亲那里汲取其所需的养分。

这一早期发展理论建立了这样一种理论构想,即内心生活的基础建立在一种内部组织之上,这种内部组织,是基于自我经分裂产生的一些部分和与之相关的内部客体

---

① 克莱因最初使用了"偏执心位"这一术语,但后来在费尔贝恩工作的影响下,于1952年采用了"偏执—分裂心位"这一术语(Klein, 1975, p. 2n)。

之间的相互关系,发展衍生而来的。

138　　　克莱因的内部客体关系理论有着明显的缺点,其中最根本的一点是,克莱因未曾明确,她究竟是把内部客体关系视为一些幻想,还是存在于具有感受、思考和觉察能力的活跃代理者之间的关系。事实上,这两种说法她都用过,而且她在对临床现象进行理论概念化时常常将二者混淆,这种混淆导致在想法和活跃代理者之间建立关系(Mackay,1981)。这种涉及不同抽象水平的混淆,就好比是说"一种想法包含在一个神经元中"。

　　　在活跃代理者和观念之间直接建立关系的这类谬误,在克莱因的著作中比比皆是。例如,在描述早期心理生活的发展时,克莱因写道:"迫害性人物被分裂出来,构成潜意识的一部分,这与理想化人物也同样被分裂出来密切相关。理想化人物被发展出来,是为了保护自我,对抗那些可怕的人物"(1958,p.241)。经典派分析师指出,采用"理想化人物保护自我对抗可怕的人物"这样的观念,无异于是提出,在心灵内部存在着友好和敌对的"魔族"在同时运作。"多重心灵的概念被引入到单一的心理装置中……人被设想为,内含不计其数的独立微组织的容器,而且这些组织同样具有微动力"(Schafer,1968,p.62)。克莱因派分析师们已经就此作出了答复,他们认为这些人物并非魔族,而是无意识幻想:"内部客体并不是居住在身体或心灵内部的'物体':和弗洛伊德(在他的超我理论中所描述的)一样,克莱因是在描述,人们对于"自己内部有什么"的潜意识幻想"(Segal,1964,p.12)。尽管克莱因派分析师们作了这样的澄清,

139　但是我们必须记住,潜意识幻想[即"幻想—思考"的产物(Isaacs,1952,p.108)]毕竟只是一种想法,是幻想中的人物。如果像 Segal 和 Isaacs 构想的那样,内部客体是想法,那么这些客体自身是不能思考、觉察或感受的,他们也不能保护或攻击自我。迄今为止,克莱因派分析师们依然未能将他们自己从混淆了不兼容的不同抽象层面(即活跃代理者和想法)的两难处境中解救出来。

　　费尔贝恩

　　尽管克莱因的内部客体关系理论不尽如人意地混淆了幻想和动力,但它还是和弗洛伊德关于超我起源的理论一起构成了费尔贝恩对客体关系理论著作的背景。费尔贝恩(1940,1944)和克莱因一样,将婴儿的自我看作出生时就具有的一个整体,并且它有能力与作为整体的外部客体建立关系。与母亲和婴儿之间"匹配性"的欠缺程度相应的,婴儿会体验到一种难以忍受的断裂感,并通过将自我中感觉不被母亲接纳的部

分分裂出去的方式来保护自己。自我中这些分裂出去的部分,持续地固着在与客体中令人不满意的部分之间的关系中。这种部分客体关系(分裂出去的自我与情感上不在场或拒绝性的客体之间的关系)被压抑,目的是为了掌控相关的感受,并致力于将这个客体改造成令人满意的客体。这部分自我和挫败性客体,沿着令人不满意的客体关系中不同情感品质的分界线,进一步细分,例如,关系的逗弄性和拒绝性的部分,在婴儿的内部世界中相互分开。自我中的一个重要部分(核心自我),则与客体中接受性和被接受的品质["称职"的母亲("Good enough" mother, Winnicott, 1951),不同于被防御性地理想化的母亲]保持关系。核心自我的一部分是意识层面的自我,但也包括在动力上属于潜意识的部分,例如,防御性的努力,试图使避免自己觉察到,客体关系体验中令人不满意的部分。

尽管费尔贝恩的工作保持在弗洛伊德的精神分析框架内,但他努力想要摆脱在弗洛伊德和克莱因理论中看到的二者各自存在的不足之处。费尔贝恩(1946)指出,在弗洛伊德(1932)的构想中,本我是无结构的能量,而自我是无能量的结构;本我被看作"寻求释放的本能(Instinctual Cathexes)——我们认为这就是本我的全部"(Freud, 1932, p. 74),自我则被认为是被组织起来以执行功能的,它没有自身的能量来源。费尔贝恩(1944,1946)用"动力性结构"这一概念,取代了弗洛伊德理论中自我和本我、结构和能量的二分法。费尔贝恩把这些动力性结构构想为心灵中拥有自己的动机系统、有能力作为独立主体来行动的部分。用心理学术语来说,费尔贝恩认为,这些部分有能力根据它们各自的意义生成系统来思考和发愿(to wish)。根据这一理论,在发展过程中防御性地分裂出来的自我的每个小块(人格的部分)都作为一个实体运作着,并处在与内部客体以及与自我的其他部分之间的相互关系中。

关于内部客体的理论地位,费尔贝恩有如下陈述:

> 为了保持一致性,现在,我要对我的动力性结构理论作出如下符合逻辑的结论:我承认,既然内部客体是结构,它们必须至少在一定程度上是动力性的。在作出这样的结论和确认时,我不仅需要遵循弗洛伊德的先驱理论,而且还需要符合在诸如梦或偏执现象中所揭示的那些心理事实……然而,必须要承认的是,要在内化的客体的活动和与之相关的自我结构的活动之间作出区分,在实际操作上是非常困难的;为了避免提出带有任何鬼神学因素的观点,看起来明智的选择是,如果一定要冒犯错的风险,那宁可高估自我结构的活动性,而不是相反。尽管如

此,依然存在这种情况,即,在某些条件下,内化的客体可能获得不可忽略的动力上的独立。毫无疑问,在这种情况下,我们必须要为这种关于人类存在的基本的万物有灵论找到一种解释,尽管这部分持续存在于表面之下……(1944,p. 132)

费尔贝恩的这一结论,即,不仅是自我的子组织,也包括内部客体,都必须被视作"至少在一定程度上"是动力性结构,这一理论充分建立了内部客体关系是存在于个体的人格内部的、多个半自主的活跃代理者之间的关系的理论构想。然而,上面引用的这段话表明,费尔贝恩对作出这个结论颇为犹豫。在很大程度上,这个结论似乎极其接近克莱因的理论建构,而他认为那是鬼神学。费尔贝恩的理论中有若干理论构建存在不完整之处,这可能和他对自己思想中这方面的疑虑有关。

在研读费尔贝恩的著作时,我们找不到对"结构"和"动力"这两个术语的定义。(就如同我们在弗洛伊德的著作中,找不到对"精神结构"这一概念的定义。)根据费尔贝恩对"结构"这一术语的使用,我推测,他指的是一套稳定的观念或心理表征。这些意识和潜意识的观念是一致的信念,一个人可以据此对自己的行为以及自己回应新经验的方式进行计划和评估。但是,这些观念本身并不进行思考、回应和觉知。进行思考、感受和觉知的能力,是判断人格的某个部分是否具有动力性的基础。

当费尔贝恩说,内部客体"不仅是客体"而且还是动力性结构时,他的意思可能是指,这些内部人物不仅是客体的心理表征,而且还是活跃的代理者,其活动可以被他们自身以及其他动力性结构觉知为具有特定的特征,并且这些特征进一步被组织和登记为稳定的心理表征。可能存在不具有动力性的结构(即一套稳定的观点或信念),但不可能存在没有结构的动力性。在费尔贝恩的理论中,本我作为能量的蓄水池这一理念,被一组潜意识的、各自有能力以不同的原始程度进行心理活动的自我和客体结构这样的观念取代了。

在费尔贝恩的思想中,自我和动力性内部客体这两个概念之间的关系仍不清楚。除了自我之外,还存在其他动力性结构(如内部客体)吗?费尔贝恩似乎是这样认为的,并且如我们在后文将会讨论的那样,这可能正是导致他对于充分承认内部客体的动力性本质有所犹豫的原因。

温尼科特

唐纳德·温尼科特对内部客体关系理论的主要贡献,是提出了在人格系统内以相互作用的方式运作执行功能的多个自体组织这一概念。温尼科特(1951,1952,1954,1960a)设想,婴儿一出生就具有发展出个人独特人格[他称之为"真自体(True Self)"人格组织]的潜力,这种潜力在称职的母亲提供的应答性抱持环境(responsive holding environment)的背景中能够得以发展。然而,当母亲用自己的东西取代了婴儿的自发姿态(例如,她自己对分离的焦虑取代了婴儿的好奇探索)时,婴儿就会体验到,对自己尚在发展中的自体感的创伤性破裂。当这样的"撞击"成为早期母婴关系的核心特质时,婴儿就会试图通过发展另一种[反应性的(reactive)]人格组织[假自体(False Self)组织],来保护自己。这个假自体警觉地监控和适应母亲的意识和潜意识需要,从而提供了保护性的外壳,使得真自体可以躲在其后,获得保持其完整性所需的私密空间。

温尼科特并不认为假自体是恶性的,而是作为照顾者的自体(1954),积极有效地"管理"着生活,以保证内在自体不会体验到灭绝的威胁,这种威胁来自于需要按照另一个人(如母亲)的内在逻辑来发展所带来的过度压力。真自体所体验到的这种灭绝恐惧,导致了需要完全依赖假自体人格组织的感觉。这使得一个人要减少对假自体运作模式的依赖,变得极度困难,即便他意识到由此导致的生活空虚。这种运作模式很多时候可以带来学术、职业和社交上的成功,然而随着时间的流逝,他日益感觉,自己是令人厌烦的、"装样子"的、疏离的、机械的,缺乏自发性的(Ogden, 1976)。

温尼科特并未谈及客体的理论地位,但其著作清楚地表明,他把内部客体视作心理表征。费尔贝恩的动力性结构理论和温尼科特的真假自体概念,都代表了客体关系理论——在这个理论中,一个人有多个潜意识部分,各自有能力根据自身建立关联的模式来生成意义,并且处于相互之间的内部关系中——发展过程中的进步。费尔贝恩和温尼科特的思想暗含的理念是:把心灵内部冲突构想为一种关于对立的内部力量的潜意识幻想,并不能充分地捕捉到,一个人是如何在事实上同时以两种方式在感受、思考、觉知和行动,而不仅仅是在想象这样一种状态。根据费尔贝恩和温尼科特的观点,"一个人同时以两个人的方式行动"这种说法,比起"他想象自己是两个意见相左的人",要来得更为准确。

比昂

考虑到内部客体的理论地位这个悬而未决的问题,对威尔弗雷德·比昂著作中一些方面的考量变得格外重要。比昂最初将投射性认同描述为人与人之间过程,在其中一个人发现自己"被操纵去扮演他人幻想中的角色,尽管有时是以微妙的难以识别的

144

145

方式"(1952，p. 149)。在人际场景中，进行投射性认同的人卷入了这样一种潜意识幻想，即把不想要的，或处于危险中的自己的一部分驱逐出去，并将这部分用控制的方式，放置在另一个人处。人际压力被施加于投射性认同的"接收者"，这种压力被潜意识地制造出来，迫使"接收者"按照与投射者投射的潜意识幻想一致的方式，来体验自己并作出行动。在理想情况下，接收者"涵容"(Bion，1962a)或"加工"（即成熟地处理）被诱发的感受和想法，从而提供一个相比于投射者之前投射出来的内容更易于处理且更为整合的版本，供投射者再内化。(参见 Ogden，1979，1981，1982a 中关于投射性认同的更详细的讨论。)

后来比昂(1957)澄清了自己的观点，认为投射性认同既是人际过程，也是心灵内过程。他把个体设想为，由多个人格子组织组成，每个子组织都有能力半自主地运作，因此也有能力处理其他子组织的投射性认同。从上文的讨论中，我们可以看出，这种关于人格系统的观点，是克莱因、费尔贝恩和温尼科特关于客体关系理论的著作的自然发展。

对于比昂(1956,1957)来说，投射性认同涉及到人格的分裂（而不仅是自体表征的分裂），以及将分裂产生的子组织驱逐，进入内部客体。精神分裂症患者，由于其几乎完全不能忍受现实，用一种极端形式的投射性认同，取代了对现实的觉知。精神分裂症患者通过将觉知功能分割为相互隔离的多个部分，并将这些部分功能（依然在一定程度上被体验为自体）投射进入客体，创造出了一种被称为"怪异客体"(bizarre object)的内部客体。这种客体被体验为拥有自己的生命；"在病人的幻想中，自我微粒被驱逐出去的结果是，产生了一个独立且不可控的存在，它位于人格外部，但它或者是包含了外部客体，或者是被外部客体所包含"(1956，p. 39)。在比昂给出的一个例子中，病人的视觉功能被投射进留声机（更准确地说，是留声机的心理表征），由此产生了一个怪异客体，被病人体验为有能力监视他。这仿佛是人格的一部分"变成了一个东西"(1957，p. 48)。这种对心灵的防御性分割和将其投射进入客体（表征），是精神病性人格的标志。

比昂强调了幻想在生成怪异客体的过程中所起的作用。但在这样做的同时，他显然忽略了，心灵装置的分割过程不仅仅是个幻想。我认为，我们需要理解，怪异客体的形成过程，涉及两种不同的心理运作。这个过程一方面仅仅是个幻想——留声机作为心理表征被想象为具有觉知能力。然而，这个幻想是由心灵的一部分生成的想法，事实上，这个部分从"非精神病性"的心灵中分裂出来，并且作为活跃的、分离的、将自己体验为一个东西的人格子组织运作着(Ogden, 1980,1982b)。我理解,这个留声机的形象,相当于人格这个部分的自体表征。

Grotstein(1981,1983)在比昂理论的基础上提出:人格中的精神病性和非精神病性的部分同时运作,构成了心灵的"双轨模式"(dual track model),由此,经验不再被构想为单一的,而是由两个或更多自主的人格子组织各自生成的经验叠加而成。经过对多个经验视角的整合,产生了单一经验的错觉,这类似于,包含视觉深度信息的完整视野,是两只眼睛分别获得的有细微差异的视觉信息,经过整合之后的结果。Grotstein提出的解释,代表了对弗洛伊德在心理学上最根本贡献的一种重要的再发现。弗洛伊德提出,人类心灵包含了两部分,即意识和潜意识的心灵。虽然心灵这两部分以不同的模式运作(初级过程和次级过程),但它们是同时运作着的,并为生成被主体体验为统一的经验共同作出贡献。我们能够获得这种经验的统一感,即便事实上,心灵的意识和潜意识部分是各自半自主地运作着的。

对内部客体理论的一个修订版本

在基于内部客体理论的上述贡献提出自己的整合性观点之前,让我先扼要重述这部分精神分析理论发展中的几个关键转折点。梅兰妮·克莱因最早提出了这样一种理论构想:内部客体世界是围绕着一系列内部客体关系组织起来的,这些客体关系各自包含自我经由潜意识分裂出来的一部分,并处在与内部客体的相互关系中。在她的理论中,关于内部客体的理论地位的构想不令人满意,她一方面把内部客体构想为潜意识幻想,但另一方面又认为这些客体有能力思考、感受、觉知和回应。费尔贝恩对此作了澄清,他提出,被内化的,既不是客体也不是客体表征,而是由自我分裂出来的一部分通过与客体建立关系而构成的客体关系,客体本身也是动力性结构,至少部分如此。这个自我分裂出来的部分,具有作为活跃的精神代理者来运作的能力,即便由于它和发展中的人格的其他部分相对隔离,而使得其运作模式相当原始。尽管费尔贝恩将内部客体定义为动力性结构,但他并没有就内部客体(假定它最初是一个想法)是怎样获得动力的这一点作出解释。温尼科特将自我的分裂这一理念,扩展到包括自体体验的分隔,但他并没有对内部客体概念的澄清作出贡献。

比昂关于怪异客体的病理形成理论,为一切内部客体的形成,提供了重要洞见。他设想,心灵防御性地分裂为多个部分,这些部分包含了活跃的心灵子组织,进而将它们自己体验为变成了无生命的物品。可见,怪异客体的形成是这样一个过程:心灵子组织投入到特定的与客体相关的幻想中,这种幻想涉及与客体的融合,或被客体捕获。

　　基于上述这些关于客体关系理论的著作,现在,我要尝试以一种有助于促进关于各种移情和阻抗现象的临床思考的方式来澄清内部客体的理论地位。内部客体关系必然涉及到人格中两个子成分之间的相互作用,这两个子成分各自有能力作为活跃的

149　精神代理者而存在。否则,我们的理论需要假设:或者是两个不同抽象层面之间、如自我(一种结构)与客体表征(一种想法)之间的直接关系,或者是两种想法之间的关系,这势必需要赋予想法以思考的能力。弗洛伊德认识到,要形成内部客体关系,必须具有两个活跃主体,这反映在他的超我形成理论中,他认为,在这个过程中,自我分裂产生了两个活跃组织,并且二者处于相互之间的内部关系中。

　　费尔贝恩认为,内化的是客体关系而非客体,这一洞见,为把内部关系中的自体和客体子成分都看作是活跃代理者,也即“动力性结构”,打开了方便之门。他将自体子成分理解为,是自我分裂出来的一部分,从而拥有自我所具有的思考、觉知和回应能力。然而,尽管费尔贝恩认识到,出于理论一致性的考虑,需要把内部客体关系中的客体部分也视为动力性结构,可是他并未对内部客体的动力来源作出解释。通过把比昂的病理性怪异客体的形成理论进行一般化扩展,我们可以把内部客体构想为,从自我分裂出来并被“投射进”客体的心理表征的部分;自我的一部分被分裂出来,并与客体表征深度认同。由于自我子组织自身有能力生成意义,因此它对客体表征的认同导致了,这个部分看待和思考自己的方式的改变。于是,原来的客体表征,现在变成了在体验上等同于自我分裂出去的部分的自体表征。

　　由此,我建议,把客体关系的内化理解为必然涉及自我的双重分裂。这种双重分

150　裂的结果是,形成了两个新的自我子组织,一个与外部客体关系中的自体认同,而另一个则彻底与客体认同。这样一种理论构想,解释了内部客体的动力性特质,也界定了自我和内部客体这两个概念之间的关系。简而言之,内部客体是自我的子成分,这些子成分在与客体表征深度认同的同时,保有完整自我所拥有的思考、觉知和感受能力。这样一种理论构想,在鬼神学的方向上,并未比弗洛伊德在描述超我形成时,走得更远。

　　对费尔贝恩的动力性结构理论进行逻辑延伸,可以发现,自我是动力的唯一来源,进一步形成的动力性结构,只能由自我的子成分构成。内部客体具有动力性必然意味着,自我的一部分被分裂出来,并成为新结构的核心。这个结构(内部客体)之所以被体验为非我,是由于它对客体的深度认同。内化过程所需要的自我的分裂,只能发生

在生命发展早期,这使得对客体的认同具有分化度低的特性。这种认同的经验品质是"变成客体",而不是"感觉像"客体。成人的"内化",是基于自我内部已经存在的分裂,而不涉及新的自我子成分的创建。

移情、反移情和投射性认同

从上文所述的看待内部客体关系的视角,可以把移情和反移情理解为,内部客体关系在人与人之间的外化("现实化",actualization,Ogden,1980,1982b)。依据外化过程中,是内部客体关系中的客体角色还是自体角色被分配给另一个人,可以将移情分为两种形式。当内部客体角色被投射出去时,病人对另一个人的体验,就像是他在潜意识中对这个内部客体(自我中被潜意识地分裂出去的与客体认同的部分)的体验一样。在这种情况下,反移情涉及治疗师对病人自我中与客体认同的部分的潜意识认同[即 Racker 提出的"互补性认同,complementary identification"(1957)]。

此外,投射性认同还涉及一种施加于治疗师的人际压力,以迫使其进入这种认同。"接收者"(如治疗师)被迫,只能以内部客体关系中客体部分的方式来看待自己。更准确地说,这里存在着一种企图,迫使接收者的体验,与内部客体(自我的一部分)体验自身、觉知内部关系中的自体部分的方式相一致。主体在潜意识中幻想,将自己的一部分驱逐出去,并以控制的方式进入了客体。

移情

在这种形式的外化中,一个人对待另一个人,就像他是内部客体关系中的客体部分一样,这就是我们通常称为移情的过程。例如,一位 20 岁的病人,持有一种畏惧而又挑衅的内部关系,其中,自我的一部分,被困在与从自我分裂出来的、与欺凌的父亲表征认同的另一部分之间的斗争中。这位病人被他对一位特定男老师的焦虑情绪所占据,他把这位老师体验为极具胁迫感。然而,病人也在与想要在课堂上暗中破坏和"修理"这位老师的潜意识愿望作斗争。当病人开始想象,他能够以一种全能控制的方式对老师"按下按钮",这在现实中确实会激惹这位老师,使之进入欺凌者的位置,于是这种移情关系(基于内部客体关系中客体部分的外化)就构成了一种投射性认同。

我上面提到的两种形式的移情中的另一种,发生在这样的情况下,即病人以内部客体(自我分裂出来与客体认同的部分)体验自我中与自体认同的部分的方式,来体验另一个人(如治疗师)。这种情况中的反移情,包含了治疗师对病人内部客体关系中自体部分的认同[即 Racker 提出的"一致性认同",concordant identification (1957)]。在这种情况下,投射性认同还涉及将自体部分投射进入外部客体的潜意识幻想,以及对该客体施加人际压力,来迫使其依从这个幻想,也就是迫使外部客体,只能按照内部客体关系中的内部客体体验自体的方式,来体验他自己。

这种内部客体关系中自体部分的外化,可以用一位精神病性的青少年的例子来说明。他持续地受到闯入性的强迫思维、指责性的幻听以及心灵被控制感的折磨。他感到,自己无时无刻却不能摆脱这些来自内部的情绪化的攻击。这位病人在一家长期容留病人的精神病专科医院接受高频个别心理治疗。在治疗工作中,病人当前的经验逐
153 渐开始被理解为,关于他与母亲关系的体验的一个内部版本。他母亲在他早年,常常在托儿所连续数小时地对他进行秘密观察;给他服用安慰剂,来对治他的"神经过敏";还对他的餐桌谈话和发脾气的行为进行录像,以便日后给他回放进行"学习"。他曾被送到一位家庭的朋友那里接受"治疗"。在每个小节之后,"治疗师"都会向他父母汇报发生的一切。

在住院期间的心理治疗中,这位病人将治疗师置于持续的言语和感官的密集炮火攻击中。他以毫不留情的、响亮的、唠叨不停的、高度压迫性的语调,持续不断地向治疗师提出要求。一旦要求未被满足,病人就会用一长串的嘲弄,来辱骂治疗师,这种辱骂是如此频繁和响亮,以至于 50 分钟的一个小节,让治疗师感到,像是经历了手持风钻长达数小时的持续轰鸣。治疗师不仅感到愤怒,还体验到混乱和彻底的无助,有时这会令他感到将要被淹没的恐慌。病人将这些治疗小节称为"反向心灵控制游戏",这种说法的意思是,试图控制病人心灵的努力被"阻塞"了,而这种阻塞反过来,又起到了将对心灵的控制送回给发起控制的源头的效果。

在这个例子中,内部客体关系中的自体部分(即病人将自己体验为被母亲暴力侵入),被投射给治疗师。这种反向心灵控制的幻想,伴随着一种人际互动,引发了治疗师身上的内部客体关系中自体部分的体验。这种幻想、人际压力以及治疗师的协调性反应,一起构成了投射性认同。

154 下面是另一个涉及到将内部客体关系中的自体部分外化的移情的例子。罗伯特是一位接受高频心理治疗的 20 岁的精神分裂症病人。他潜意识地投身于一个痛苦不堪的内部客体关系,在其中,他感到自己被污染了,因为母亲巧妙而迂回地潜入他身体和心灵的各个部分。在治疗中的很长一段时间里,病人拒绝洗澡。渐渐地,治疗师开

始被病人的气味占据，即便在病人离开很久之后，他的气味依然充斥于治疗室中。治疗室的椅子，吸收了病人的气味，并成为病人在治疗时间之外进入治疗师生活的象征。于是，治疗师感到，自己好像是无可逃脱地被病人弥散性地包围了。在这个案例中，治疗师不知不觉地，被迫使以内部关系中自体部分的体验，来体验自己，这个自体部分处在与污染源母亲（病人自我中与母亲的表征认同的部分）的内部关系中。（关于这个案例的深入讨论，参见 Ogden，1982a。）

据我的经验，投射性认同是内部客体关系外化（也即移情）中的一个普遍特征。在这个过程中，差别只是外部客体被征募参与的程度。在治疗师对病人移情的回应中，总是有一部分代表了，治疗师被引发的、对病人被锁在特定潜意识内部客体关系中的自我的一部分的认同。这种认同，在治疗师这边，代表了一种无法通过其他任何途径获得的对病人的理解。

我认为，不允许自己在一定程度上参与这种形式的认同，是不可能对移情进行分 *155* 析的。然而，仅仅在内部客体关系的外化中做个参与者，是远远不够的。除此之外，治疗师还必须能够理解，自己正在体验的内容，反映了病人让治疗师沦为病人自我某一部分的代言人的需要。治疗师自己必须意识到，在此刻，除了病人需要治疗师认同的、病人自我中分裂出来的这部分特质之外，治疗师人格中其他一切与此不相符的部分，通通被病人排除在外。治疗师需要在意识和潜意识中做大量的心理工作，将来访者强加给他的角色，与自己更广阔的、更具现实性的自我感（尤其是自己作为治疗师的角色），进行整合。

阻抗

从上述这种对内部客体的理论构想的视角来看，我们可以把阻抗理解为，病人对于放弃潜意识内部客体关系中所涉及的病理性依恋所面临的困难。费尔贝恩（1944，1958）是最早以这种方式理解阻抗的人，并且他特别强调了，对内部坏客体的依附。这种依附是出于一个人想要把坏客体变成自己希望的样子的需要。

费尔贝恩（1944）描述了，对挫败性内部客体的两种依恋形式。一种是渴求性自体（craving self）对逗弄性客体（tantalizing object）的依恋。这种对客体的依附，本质上是对成瘾性药剂的上瘾，要放弃是极度困难的。（Ogden，1974，参见一个核心阻抗是由 *156* 这类内部客体关系依附所致的案例。）

第二类对内部坏客体的联结是，委屈的破坏性自体对无爱的拒绝性客体的依附。

这常常在形式上表现为,致力于讨伐和揭露内部客体的不公、冷漠或其他恶行。

费尔贝恩(1940)用生动形象的临床资料,呈现了对内部坏客体的忠诚现象,这种忠诚被这样一种潜意识信念强化了,即坏客体总比没有客体要好得多。费尔贝恩的思想源于这样一种观念,即,人类的心智健康和存活,需要依靠与客体的关系,当一个人感到他与外部和内部客体的一切联系都面临被切断时,他会体验到濒临灭绝的恐惧。因此,如果没有更好的选择,他会绝望地抓住任何与(内部或外部)客体的联结,即便这些客体联结被体验为坏的。

由于费尔贝恩对内部客体的性质的理论构建不完整,他仅仅专注于,源于内部客体关系中自体部分的体验的这类阻抗。我们之前已经讲过,费尔贝恩仅仅是迟疑地接受了内部客体是动力性结构这一理念,并且他也没能就内部客体和自我这两个概念之间的关系作出描述。因此,他的研究局限于,自体对内部客体的忠诚,是怎样作为对治疗工作的阻抗进行运作的。

从将内部客体关系看作涉及两个各自有能力生成经验的活跃代理者的这种理论视角出发,我们可以识别出其他形式的阻抗。

157 我们不仅会遭遇到由自体对坏客体的忠诚所致的阻抗,还常常遭遇到基于客体对自体的需要而导致的阻抗。我这样说的目的,并不是要引入一种内部世界的理论构想,在这种构想中内部世界被诸多自身拥有能量的内部客体占据,并且这些内容客体在其中飞来飞去。根据本章提出的观点,这些内部客体被理解为自我中与客体认同的部分,因此它们能够与自我的其他部分之间,建立折磨、逗弄、羞辱、依赖或其他任何形式的关系。弗洛伊德本人也曾采用这类词汇,来描述超我对自我的关系。因此,对于放弃内部客体关系的阻抗,既可能来自于自我中被体验为自体的部分,也可能来自于自我与客体认同的部分。后一类阻抗至今鲜有被识别和阐述。

迄今为止,人们的关注几乎完全放在,内部客体关系中自体对客体的体验。这主要是因为,客体部分大体上被概念化为心理表征(一种观念),于是,一种想法会在内部客体关系中经历改变,这种说法听起来毫无道理。然而,如果将客体看作自我子组织,我们就可以对内部客体关系中,由于客体不愿放弃对自我中其他部分的依附而导致的阻抗,进行思考:

1. 与客体认同的自我子组织,持续地受到来自关系中的自体部分致力于将其转
158 化为好客体的压力。客体部分会奋力抵抗这种转化,因为这种认同上的巨变会令自我的一部分体验为灭绝。内部客体关系被两方面的力量积极地防御着:自体部分不愿

遭受由于缺乏与客体的联系所致的灭绝风险,而奋力想要将坏客体变成好客体;与此同时,客体部分也在抵挡,由于被转化为新实体(好客体)所致的灭绝。正是这后一种动机,引发了治疗中常常遭遇的这类时刻,例如,病人祈求地看着治疗师说:"我知道我的做法是自我挫败的,但我不能不这样做,除非我变成另一个人,而这是不可能的。当我看着镜子时,我会认不出自己。"

在与边缘和精神分裂症病人的工作中,病人对于接受治疗师的解释所感受到的剧烈冲突,常常蕴含着这种形式的阻抗。这种情形中的移情关系,在很多时候涉及到,对下面这类内部客体关系的外化:分析师被体验为内部关系中的自体部分,并且在这种关系中,执意要改变客体部分,不惜付出让病人的这个部分灭绝的代价。例如,一位精神分裂症病人在多年的治疗中,会周期性地陷入精神病性状态,深度退行进入几乎完全失语和木僵的状态,并持续数月之久。这种退行恰恰是发生在病人开始"好转"的时候。"改善",被病人体验为在字面意义上(literally)"变成治疗师",这会令他彻底失去自己。

病人在这些时刻显示出的顽固的被动性,是一种潜意识的宣言:治疗师不能引 *159* 导、引诱、操纵或胁迫病人改变,变成治疗师"希望"或"需要"病人成为的那个人。"好转"意味着被转变成另一个人,不再作为他觉得自己所是的那个人而存在。

解释经常令精神病人或边缘病人体验为,被置于一个可怕的两难处境:去听(在幻想中意味着"摄入"),会令自己处于被变成治疗师的危险之中,而不去听(在幻想中意味着"拒绝摄入"),则被体验为,冒着失去与治疗师仅有的联系,飘荡进入"类外太空"(outer-space-like)的绝对孤立状态的风险。无论作何选择,病人的存在都会受到威胁。被转变为"好"客体从而失去自己的危险,是内部关系中客体部分所体验到的危险;而失去与内部客体的联系从而变得绝对孤立的危险,则是内部关系中的自体部分所体验到的危险。在内部关系中,自我的客体部分对于被自体部分改变的抵抗,与自体部分试图把坏客体变成好客体的努力,同样重要。

2. 与内部客体关系中的自体部分一样,自我中与客体认同的子组织,也体验到对客体关系的需要。客体部分维系对其内部客体依附的方式,常常是通过对自己的客体施加控制(也即对内部关系中的自体部分的控制)。客体部分可能通过对其客体(内部关系中的自体部分)进行奚落、羞辱、威胁、支配或引发内疚等方式,来试图维持与自体 *160* 部分的联系。当这种联结受到威胁时,例如,当病人与治疗师发展出更为成熟的关系,从而使得原先这种较为原始的内部关系变得不那么必要时,这种试图控制自体部分的努力就会变本加厉。①

　　一位有强迫观念的病人，在高频心理治疗中，当自己难得地进入真实的自我分析式的自由联想阶段时，通常会用强迫性的自我折磨"发作"来进行破坏。例如，当病人正在富有洞见地讨论自己和男友的交流互动时，她打断了自己的思绪，开始对自己的体重问题——一个长期占据她内心的主题——进行自我批评式的反复思虑。随着这种反复思虑的持续进行，病人开始焦虑地担心，治疗师会因为她无休止地进行徒劳的强迫性思考，而终止对她的治疗。在那个阶段的治疗中，病人开始意识到，自我折磨与自己持续地感受到被母亲轻视和折磨的方式有关。她的母亲不仅不厌其烦地表达对病人的鄙视，而且还时常威胁她，要把她送去和亲戚一起生活。（需要强调的是，在内部客体关系中保留下来的，是病人对母亲的体验，而不是这位母亲的客观版本。）

161　　在这里，作为移情模板的内部客体关系，由一对相互依赖的母女关系构成，在这个关系中，孩子感到母亲随时可能抛弃自己，如果受虐有助于巩固母女关系，强化对施虐母亲的依附，那么她甘愿甚至渴望受虐。这个内部客体（自我的子组织）将病人的其他部分有能力在治疗设置中进入自由联想这一点，体验为危险的信号，因为这意味着，自我的那些部分变得更有能力进入与治疗师之间更为成熟的关系。客体害怕这种更成熟的客体关系形式，因为客体坚信这种关系将会使内部客体关系中的自体部分更少地依赖客体部分。在上述临床片段中，客体（自我的子组织）通过对体重超标进行奚落，并引发内疚，加倍努力地将受虐性自体置于虐待折磨之下。来自客体部分的终极威胁是，抛弃内部关系中的自体部分。在后续的临床片段中，抛弃的威胁被投射到治疗师身上，并被病人体验为，如果她不按照治疗师的要求行事，治疗师就会抛弃她。

　　在这段临床材料中，阻抗（自由联想的中断）是由对于放弃特定内部客体关系的恐惧引起的。这主要是客体（自我的子组织）的恐惧，当它觉察到来自自体部分的依赖减少时，通过召唤抛弃的幽灵，来加强控制的力度。

162　　在内部客体关系的情境中，关系中单方面任何的独立行动，都会被体验为基于相互依赖而存在的关系濒临解体。从病人潜意识的心理现实的角度看，在内部客体关系中，自我的客体部分试图维持对自体部分的依附，和自体部分不屈不挠地试图留住内

---

① 自我中潜意识的自体和客体子组织，在一定程度上会受到当前经验的影响。自我中的自体子组织会受到涉及目标、抱负和自主等相关议题的当前经验的影响。而客体子组织则会受到当下与外部客体的关系的影响，尤其是当关系涉及理想化、贬损、妒忌、嫉羡等议题时。衡量心理健康的维度之一是，内部客体关系在多大程度上能够根据当前经验来进行修改。

部客体一样,都是至关重要的。

3. 客体部分体验到嫉羡,并将这种感受指向内部客体关系中的自体部分,这构成了另一类可能成为阻抗的基础的内部客体关系。有一种情况并不罕见,我们不时听到病人表达对他人的嫉羡,而对此,我们并不能马上在病人当下的治疗情境中找到意义。例如,一位边缘病人在高频心理治疗进行了四年之后,在近十年内第一次能够回到学校,同时她还能以一种多少令自己感到骄傲的方式与第二任丈夫建立关系。十五年前,当她离开第一任丈夫时,她抛弃了当时处在潜伏期年龄*的孩子们。在最近几次治疗会面中,除了谈论她增强了的自我价值感外,她还讲到,自己写了一封极度愤怒的信给她的孩子们。当她谈起这件事时,她说,自己对他们来说,已经是比她自己的母亲好得多的母亲了(她自己的母亲在她 10 岁时自杀了)。病人显然体验到了对自己孩子们的强烈嫉羡。从处在与深度抑郁的拒绝的母亲的内部客体关系中的自体的角度来看,嫉羡并不是在病人体验到自尊增强的此刻,我们预期会出现的感受。然而,从客体 *163*（病人向她母亲认同的自我子组织）的角度来看,它不仅对自体部分的控制受到自尊增强的威胁,而且它还对自体新近获得的这种体验感到嫉羡。为了维持对自体部分的依附(通过控制),客体部分希望破坏其客体(即自体)的这种幸福感,并把这些好感受据为己有。对客体来说,维持与自体的联结是生死攸关的。来自自体方面依赖减少的信号,将遭到嫉羡的攻击,因为客体(自我的子组织)害怕自己会被抛弃。

Searles(1979)生动地描述了类似的临床材料,其中病人潜意识地以好像自己是多个人的方式运作,其中一个人可能对另一个人感到妒忌。他详细描述了这种内部分裂可能被外化为一种反移情体验,其中治疗师的一部分妒忌自己的另一部分,因为妒忌的部分感到,病人对自己另外的那部分更为满意。Searles(1979)对费尔贝恩的观点表示赞同,他说,尽管这种内部分区在边缘和分裂样病人身上更明显,但是,“如果一个人胆敢宣称,自己的自我整合是如此完全,以至于不能在最深的层面上显示出任何分裂的迹象,或者自我虽有分裂,但这种分裂的迹象从不会出现在更表浅的层面,哪怕是在极度痛苦、困难或匮乏的情况下,那他可能太过于托大了”(Fairbairn, 1940, p. 8)。

Searles 的关注仅限于自体的一部分对另一部分的妒忌。本章的理论框架使得我们可以对 Searles 的观点进行补充,可以基于内部客体对自体的妒忌或嫉羡,来思考不 *164*

---

* 潜伏期年龄,Latency-aged。潜伏期是弗洛伊德性欲发展理论中的一个阶段,指 6 岁以后,青春期之前。——译者注

同类型的阻抗。

结论

本章首先对内部客体关系这一概念的发展历史进行了研究。弗洛伊德的超我形成理论涉及自我的分裂（在儿童对外部客体认同的背景下），继而在分裂出来的两部分之间建立关系的理念。梅兰妮·克莱因对这一理念的贡献是，提出了内部客体世界是围绕着自我分裂出来的部分与内部客体之间的关系组织起来的。然而，克莱因的著作，在内部客体应该被视为幻想还是活跃代理者，或者两者皆是这一点上，充满了自相矛盾。费尔贝恩坚持认为，被内化的，不是客体，而是客体关系，并且内部客体至少部分地是动力性结构。他最早充分构建了这样一个理念，即任何内部客体关系都涉及到两个活跃代理者。然而，他未能对客体的动力来源作出解释。比昂的怪异客体理论提供了一个模型，可用于思考这样一个过程，即心灵的一部分可能被分裂出来，并投入对一个无生命客体的深度认同，从而导致这部分感到自己变成了"一个东西"。

在这些理论发展的基础上，我提出，内部客体关系的建立需要自我的双重分裂。自我分裂出来的一部分认同早期客体关系中的自体部分，另一部分则彻底认同客体。
165　接着，我从这一视角探讨了移情、反移情和投射性认同等概念。

我把阻抗理解为，病人对于放弃潜意识内部客体关系中涉及的病理性依恋所面临的困难。本章提出的关于内部客体的观点，让我们得以关注一些之前仅仅被部分理解的阻抗类型。这些阻抗类型是基于，在内部客体关系中，内部客体（自我的子组织）努力不被自体（自我的子组织）改变的需要、内部客体对自体的依赖以及内部客体对自体部分的嫉羡和妒忌。

第七章 温尼科特著作中的母亲、婴儿以及母体

> 一本不包含自身反面的书,是不完整的。
>
> ——豪尔赫·路易斯·博尔赫斯《特隆、乌克巴尔、奥比斯·特蒂乌斯》

唐纳德·温尼科特对精神分析对话的贡献,是二十世纪 20 年代到 70 年代早期,在英国精神分析学会的智力和社会氛围中发展起来的。在这个阶段的很多时间里,英国精神分析学会,基于安娜·弗洛伊德和梅兰妮·克莱因的不同理念和人格,尖锐而痛苦地分裂为两大阵营。温尼科特先后接受了 James Strachey 和 Joan Riviere 的分析,而后者是早期克莱因派的"圈内人"之一;他也在自己与儿童的精神分析工作中,接受了梅兰妮·克莱因的督导。虽然温尼科特的思想沿着不同于克莱因的方向发展,但与许多一度对克莱因的思想持开放态度的分析师(如 Glover,1945;Schmideberg,1935)一样,他从未公开抨击克莱因的思想。

温尼科特是辩证论者。他的思想,是在经典弗洛伊德派和克莱因派的小团体之间的激烈辩论中,发展壮大起来的。他理解,一旦我们认为,自己已经完全解决了一个基本的分析性问题(无论是在理论上,还是在对病人的理解上),我们的思想就陷入了僵局。温尼科特(1968)说,他向病人提供解释,是为了让病人知道,他的理解是有局限的,我认为这不是出于假谦虚的托辞。温尼科特的许多最有价值的临床和理论贡献,都呈现为悖论的形式,他让我们接受而不必解决,因为悖论的真理,不是在两极中的任何一端,而是在两极之间。

客体关系理论,并不是由一组各自独立的理论组成的,而是在最热烈、最富有成果的精神分析对话的背景下,发展出来的多元化的贡献。在本章中,我将关注温尼科特著作中出现的,关于婴儿对母亲的依赖的本质。我认为,只有当我们将温尼科特的观点放到,这些理论得以发展出来的背景,也即他与克莱因的对话中时,我们才能完全理

解,他对母亲在婴儿早期发展中所起作用的观点。我们将要讨论的这些温尼科特的理念,不应被简单地看作对克莱因观点的驳斥、修正或扩展。生成这些理念是为了回应

一个丰富的认识论两难困境,这个困境主要是由克莱因的著作引发的。本章探索了温尼科特关于婴儿逐渐演进的、对母亲的依赖的三种不同形式的理论构想。我试图通过对温尼科特理念的阐述、解释和扩展,使得他著作中这个部分所蕴含的重要意义,可以从分析意义上获得更充分的理解。

1 主观性客体时期

虽然克莱因并未忽略母亲的作用,但温尼科特认为,克莱因并未理解母—婴关系的本质。

> 她(克莱因)为环境供给开出了空头支票,但却从未充分承认,伴随婴儿早期依赖性的,事实上是这样一个阶段:当我们描述婴儿时,不可能不描述母亲,因为婴儿的自体尚不能与母亲分离而独立存在。克莱因声称她已经对环境因素作了充分的考虑,但我认为,她并不能做到这一点。(Winnicott, 1962a, p. 177)

在克莱因的思想中,母亲与婴儿之间人际关系的特定品质,起到了次于幻想的第二位作用,尽管她也认为,幻想的内容总是和客体相关的。克莱因认为,真实的母亲会被婴儿基于投射构建出来的幻想中的母亲所侵蚀:"婴儿最早的现实完全是幻想性的"(Klein, 1930, p. 238)。温尼科特对克莱因理论的反对,并不在于,婴儿是脱离(观察者眼中的)现实的这个观点。

他反对的是,克莱因未能检视,婴儿对母亲的依赖这件事对心理发展影响的本质。克莱因的关注,几乎完全局限于心理内容,包括这些内容的生物学起源(本能深层结构),它们在心灵内的呈现(通过分裂、投射、内摄、全能思维、理想化和否认等机制),以及在人与人之间的转化(通过投射和投射性认同)等。温尼科特并非没有留意到,克莱因的投射性认同概念潜在地具有人际维度,但是对克莱因来说,投射性认同主要是心理内容被修改的过程;克莱因使用这个概念的意图,并非是要用于描述基本的母婴心理单元。

克莱因(1946,1948,1957)认为,婴儿一出生就是一个独立的心理实体。她将心理

发展理解为：在面对内部和外部危险时，婴儿为了照顾自己而采取的一系列由生物基因决定的防御性转化。温尼科特的发展理论则与之不同，他并不是在描述婴儿面对危险时采取的防御性调整，而是试图探索母亲提供的保护性延迟和定量刺激。当婴儿在子宫里时，母亲的作用是提供一个环境，为婴儿在不得不面对出生时的生理分离这个任务之前，赢得发展成熟所需要的时间。同样地，母亲在婴儿生命的第一个月［或者说在婴儿"大约四、六、八或者十二月大"（Winnicott，1951, p. 4）开始出现过渡现象之前］的作用是，提供一个环境，使得心理上的分离得以延迟，从而令婴儿有时间，在生理成熟和真实经验的交互作用下逐渐发展。（我们后面将会谈到，这种交互作用中的一个关键部分是定量的刺激，包括挫折。）婴儿唯有在保护性和延迟性①的母性环境的包覆中才能得以发展，这一事实构成了温尼科特的理念"不存在婴儿这回事"（p. 39 fn.）的其中一个层面的意义。

171

母—婴单元

母亲和婴儿共同创造了一个新的心理实体，这并不是二者的简单相加。这里的情形更像是两种元素发生反应，生成了一个新实体，一种化合物。温尼科特认为的心理发展单元，正是母—婴这种"化合物"："环境的运作状况是个体自身人格发展的一部分。"（Winnicott，1971e, p. 53）

172

既然母—婴是（在外部观察者看来）由母亲和婴儿构成的心理实体，那么这个心理发展单元既是一个原始的心理组织，也是一个相对成熟的心理组织。从这个角度来说，各种不同水平的心理发展，都呈现在母—婴实体的心理结构中。（这可以解释，温尼科特思想中暗含的同步发展轴的概念，后文我们将会讨论这个部分。）对心理发展的

---

① 我意识到，自己在改写对于发展序列的普遍看法。一般认为，早期发展阶段为后续发展阶段做好了准备。而我的看法是，早期发展阶段也预先阻止了后续发展阶段。显然，我这里要讨论的，并不是生理功能的延迟。

心理并不仅仅是生理的副产物；事实上生理和心理是同一个发展/成熟过程不可分割的两个方面。心理发展成熟的早期阶段，服务于帮助有机体管理生理上的不成熟状态，从这个意义上讲，它为有机体赢得了成熟所需要的时间。弗洛伊德（1895，1896b，1918）的概念"后遗性（deferred action）"（nachtraglich）说的也是这一点：例如，"延后到来的青春期，使得逝去的原始过程得以复活"（1895, p. 359）。

② 后遗性（nachtraglich）在弗洛伊德全集英译标准版中被翻译为 deferred action。这是弗洛伊德在有关精神时间性及因果关系的概念上经常使用的词汇，指以前的经验、印象、记忆痕迹，后来将会依据新的经验，以及因为进入另一阶段的发展，而被重塑。如此一来，它们会同时被赋予一个新的意义以及一种精神效力。——译者注［摘自台版精神分析词汇中的词条"后遗性"（deferred action）。］

研究,不仅研究婴儿心理从原始到成熟的发展过程,还包括研究从母—婴实体发展为母亲和婴儿的过程。

母亲的一部分,以一种被温尼科特称为"原始母性贯注"(1956)的状态,与婴儿混在一起。这种失去自己进入另一个人的体验["感觉自己在她宝宝的位置上"(p. 304)],是母亲对于成为母—婴实体的一部分的体验。如果不是母亲的一部分与婴儿合为一体的话,婴儿就会被她体验为不相干的客体。这样的母亲会将婴儿看作是"住在我屋子里的那个东西"。(当然,绝大多数母亲体验到的情感谱系中,都会包含这种异己感。)如果母亲没有保留一部分存在于原始母性贯注之外的体验,那么母亲就成了精神病人。在这种情况下,和婴儿分离会具体地被体验为一种截肢。

温尼科特(1951,1962b)认为,心理发展并非始于由生物基因预先决定的一系列心理功能的展开,这些功能使得婴儿在面临焦虑时能够照顾自己。相反,早期发展
173 是围绕着母亲最初提供的"主观性客体"这一幻象进行的,即为婴儿创造出内部和外部现实是同一的这样一种幻象。母亲在原始母性贯注的状态下,得以为婴儿在他需要的时间,按他需要的方式,提供他需要的东西,就好像是婴儿"创造"了客体。

"不可见的一体"的幻象。温尼科特(1951)使用"创造出乳房"的幻象这个理念,是有些令人困惑的,如果我们认为创造出乳房这个理念涉及到对他者的觉察的话。母亲在最初创造出来的这个幻象,并不是,婴儿认为自己具有全能的力量,能够创造出自己所需的这样一种幻象;事实上这里的幻象是,认为需求是不存在的。我相信,母亲和婴儿作为"不可见的一体"这个理念(见第八章),可能比"婴儿创造出了乳房",更好地表达了温尼科特提出的这种体验。

乳房的创造,是只有当我们身处母—婴单元之外才会观察到的现象。在母—婴单元中,乳房的创造并未被留意到,因为处在这种状态下的婴儿,尚不具有能够留意到任何事情的立场。在一个均匀的场中,不具有立足点,也没有前景或背景。没有差异,就不会有立场。母亲称职的照顾意味着,它是如此地不引人注目,以至于没有被留意到。即便是婴儿需要的刺激和母亲提供的满足,在一开始也是不被注意的。婴儿感官活跃和进行精密识别的能力(Stern, 1977),不同于觉察自己或他人的能力。婴儿之所以能够延迟对分离的觉察,在很大程度上有赖于,母亲在婴儿的需要成为欲望之前就及时地满足了这个需要。

没有欲望的婴儿,既非主体也非客体,婴儿尚不存在。

由于温尼科特的思想涉及到,对发展过程外显的历时性[1]理论构想和内隐的共时性理念的微妙混合,因此,母亲必须在一开始保护婴儿,避免使之觉察到欲望这样的理念,是对温尼科特思想不完整的表述。的确,温尼科特(1945,1971a)再三强调,一开始,母亲必须满足婴儿的需要,通过这样做来保护婴儿,避免使之过早地觉察到分离。在这个理论构想中,"分离"以序列的、历时的方式发生在"一体"之后。但是,在其他地方,温尼科特(1954—1955,1963)说,即便在一开始,母亲也不能太好。如果婴儿的每个需要,以食欲为例,都在他能够体验到之前就被预料和满足,那么婴儿就被剥夺了对欲望的体验。即便是在正常情况下,对婴儿需要的满足,在满足婴儿和保护婴儿的同时,也排除了一些重要的可能性。

> 喂食过程本身对婴儿是种搪塞。本能张力消失了,婴儿既被满足又被欺骗。
> 假设喂食之后婴儿会满足并入睡,可能太轻率了。很多时候,这种搪塞之后伴随
> 着苦恼,尤其是当生理满足来得太快,而剥夺了婴儿的乐趣时。于是,婴儿被置于
> 攻击性未能释放的处境中——因为在喂食过程中,未能调动足够的肌肉性欲或原
> 始冲动(能动性);或者是一种"怦然跌落"的感觉——生命乐趣的源泉突然消失,
> 而婴儿不知道它还会回来。(Winnicott, 1954 - 1955, p. 268)

因此,"母亲必须在一开始满足婴儿的需要,以保护婴儿,避免使之过早觉察到分离"这种说法(历时性的陈述),是不充分的。而"母亲需要从一开始,就通过让婴儿的需要部分地得不到满足,以让婴儿有机会发展自己的欲望,从而满足婴儿对'乐趣'的需要"这种说法(共时性的陈述),同样也是不充分的。唯有同时包含历时性和共时性发展轴的悖论描述,才会趋于完整:母亲需要保护婴儿,避免使之过早觉察到欲望和分离;同时母亲也需要保护婴儿,使之有机会体验欲望以及与其相伴的对分离的认识。

---

[1] 历时性发展轴意味着对发展的线性的、序列的构想,在一个涉及到结构分化、整合、成熟潜质的表观展开的过程中,后一阶段发展建立在前一阶段发展的基础之上。弗洛伊德(1905)的性心理发展阶段序列、安娜·弗洛伊德(1965)的发展线概念、皮亚杰(1946)的认知结构经由同化和顺应而逐步发展的理念,以及埃里克森(1950)心理社会阶段的展开,这些都是对发展进程的历时性理论构想的范例。而共时性发展轴,则意味着不同层级的多个发展水平同时共存并相互作用的一种理论构想。弗洛伊德(1896b,1918)的"心理层次"理论、克莱因(1932b)的力比多兴奋在不同发展水平之间扩散的理念,以及拉康(1957)关于体验的想象界和象征界的理论构想,是共时性发展的理论构想的范例。

本能、防御和个体化

温尼科特(1971a)发展理论的核心观念是,认为婴儿在出生时具备个体化的潜力,而母亲(同时作为环境和作为客体),促使这种个体化得以展开和发展。在很大程度上,母亲的任务是,不去干扰婴儿这种始于"未成形的"(formless)(1971d, p. 64)"持续存在"(going on being)状态的自发性发展。心理系统发展的主要驱动力,既不是寻找疏泄本能张力的通道的需要(弗洛伊德的能量模型),也不是防御由死本能带来的危险的需要(克莱因的理论)。

这并不是说,温尼科特拒绝本能理论,或者不同意,焦虑在正常心理结构尤其是在自我部分中所起的核心作用。温尼科特认为,母亲(更准确地说,是母—婴单元)为婴儿提供照料(包括防御性操作)的时间点,才是最核心的。如果抱持性环境过早地破裂,婴儿就过早地需要对环境作出反应,并发展出过度增生的僵化防御结构。在这种情况下,婴儿不得不试图去处理,他尚不具备相关处理能力的心理任务。另一方面,如果抱持性环境"太完美"并持续了过长时间,婴儿就失去了体验适度的挫折、忍受适度的焦虑、欲望和冲突的机会,也就无法发展出照顾自己的能力(包括心理上的防御机制)。所有这些体验——挫折、焦虑、欲望、欲望的冲突——引入了差异,从而促成了内部分化。只有当面对冲突的欲望,有必要既否认同时又保存经验的各个方面时,也即对同一心理事件需要同时保有两种不同的体验模式时,潜意识心理(以及意识心理)才会产生。换句话说,潜意识心理和意识心理的分化源自于欲望的冲突,一方面是想要以某种特定方式来感受/思考/存在的欲望,另一方面是不想以这种方式来感受/思考/存在的欲望。

温尼科特认为,婴儿整合和组织本能体验(包括本能冲突)的能力,有赖于母亲成功地推迟,(但同时保留)让婴儿觉察到欲望以及欲望的冲突,直到他能够将自身感受体验为属于他自己的那一刻,但又不要晚过这个时间点。在那一刻之前,"本能就像外来的一声惊雷或一次撞击"(Winnicott, 1960a, p. 141),会破坏婴儿尚在发展中的、对内部生起的欲望的感受。一旦自体感开始整合(以我后面将会谈到的方式),本能体验就开始服务于对婴儿的自体感进行聚焦和组织,帮助婴儿将自己体验为自己经验的主人(Winnicott, 1967a)。在感受到自己的欲望并就此采取行动的过程中,婴儿形成了特定形式的存在。

对自体的防御性保存

在母亲持续无法提供称职的抱持性环境，并且环境缺失很严重的情况下①，婴儿被扔进一种混乱状态中，他的"持续存在"感（Winnicott，1963，p. 183）破裂了。这将导致儿童精神病，或者形成在未来可能引发成人精神病或边缘状态的内核。当抱持性环境的缺失不那么严重时，婴儿或许能够发展出防御性人格组织，来接管母亲的照顾功能。这种防御性组织是在觉察到危险的情况下发展起来的。这不同于意识和潜意识的心灵分化、以丰富彼此的方式交互作用，并且以压抑建立起"半渗透性"的屏障的情况，而是发展出了自体中彼此疏异的部分（Winnicott，1960b，1963）。防御及照顾性自体（假自体）的出现，几乎完全是为了保护性地隔离婴儿心理个体化（真自体）的潜在可能性。这种对真自体的隔离，不可避免地导致空虚感、无价值感和死亡感。这种自体被保护性地挡在防护墙之后的状况，不同于在正常发展情况下潜意识自我执行着双重功能，即审查和有选择的经过伪装的表达。正常发展情况下的防御，和导致发展出假自体防御组织的心理分裂，二者的区别在于：正常发展情况下的防御，不仅允许个体组织和否认经验，还能潜意识地保存被否认的欲望，使得这些欲望依然属于自己。相反，假自体人格组织的形成，阻止了一些重要部分的发展，这些部分本来有可能发展成为自己。

2 过渡现象阶段

母亲与婴儿的一体和分离这对悖论，虽然始于生命之初，但是在过渡现象出现的那个发展阶段，这一辩证关系的品质发生了变化。现在我将关注转向这个阶段。在这里，同样地，温尼科特的思想部分地是对克莱因著作的回应。

婴儿的心理母体

在克莱因和温尼科特关于发展的理论构想中，都包含这样一种概念：婴儿在起初需要从外部现实中绝缘。温尼科特认为，这种绝缘是由母亲提供的"主观性客体"的幻象来生成的。而克莱因（1930）则将婴儿构想为，经由"全然幻想性的"现实而绝缘。克

---

① 需要强调的是，不称职的母性照顾，仅仅是导致抱持性环境缺失的可能性之一。其他重要原因包括：早产、婴儿的生理疾病、婴儿异乎寻常的敏感以及特定母亲与特定婴儿之间气质上的"不匹配"等。

莱因版本的婴儿,通过物种遗传先天决定的前概念的棱镜来看世界,以这种方式"创造"了他的内部和外部世界,并且二者在起初是不可分的。这就是克莱因版本的婴儿的"护盾"(protective shield)(Freud,1920,p.30)。

从温尼科特、弗洛伊德和克莱因的发展理论中,我们产生了这样的疑问:既然婴儿最初是和外部环境绝缘的,那么,婴儿要如何才能在脱离起初绝缘状态的过程中,利用现实经验呢?[①] 再一次地,温尼科特对于精神分析性地理解发展过程的贡献,涉及视角的转换(对认识论问题的重新描述),他将理解婴儿发展的努力,转化为理解母—婴单元发展的努力。克莱因和弗洛伊德都没有忽略母亲(作为客体)的作用,但直到温尼科特,精神分析界才发展出了,母亲作为婴儿的心灵母体[②]的理论构想。从温尼科特的视角来看,婴儿的心理内容,唯有在与这些内容得以存在其中的心灵母体的关系中,才能得到理解。这个母体最初是由母亲提供的。这是温尼科特的理念"不存在婴儿这回事"的第二层含义(在婴儿与母性抱持环境提供的保护和延迟功能是不可分的这一层含义的基础上)。因为婴儿需要时间来发展出内部抱持环境,也即他自己的心灵母体,所以婴儿的心理内容最初只能存在于母亲的心灵和身体活动这一母体中。换句话说,最初,环境、母亲提供心理空间,供婴儿在其中生成体验。正是在这个意义上,我认为母亲和(将要成为的)婴儿共同创造了一个新的心理实体。[③]

即便婴儿心理内容的一些部分可能被体验为物自身(见第三章),因而这些部分可能不会被新经验影响和改变,但婴儿的心灵母体(母性抱持环境)在持续地变化,并且非常敏锐地受到新经验的影响,并因此而改变。抱持性环境(心理母体)不仅因应婴儿情感需要(比如,被抱持、被安抚、被娱乐、炫耀自己等需要)的变化而改变,而且还因应婴儿日益发展成熟的需要(比如,逐渐成熟的运动与认知能力)的变化而改变。

---

① 弗洛伊德(1900,1911)将早期心理发展理解为,婴儿离开最初那个唯我论的世界,在那里婴儿幻觉性地实现愿望。他将这一发展看作,机体生理成熟和与客体互动的真实经验之间交互作用的结果。婴儿在最初采用幻觉性地实现愿望的方式,将自己与可能引发挫折的外部现实绝缘。然而,随着婴儿生理上的成熟,他从致力于幻觉性地创造出获得满足的现实,转向利用真实经验的挫折,以寻找其他更为有效的、适应性的、间接的方式,来满足本能需要。

② "母体"(Matrix)这个词是从拉丁词汇子宫衍生出来的。虽然在温尼科特(1958b)的著作中,只用了一次"母体"这个词[他将自我关联性(ego-relatedness)称为"移情的母体"],我认为母体是一个特别合适用来描述心理和身体经验得以在其中发生的、那个静默地起作用的涵容性空间的词。

③ 类似地,拉康(1956a)的概念"大他者",也是指在分析设置中生成的、既不是病人也不是分析师的第三方心理实体(主体间实体):"大他者的所在,是由'对他说话的那个我'和'听我说的那个他'共同构成的……"(p.141)

过渡现象阶段可以理解为,婴儿将心理母体内化(或许更准确的说法是将其收归己有)的阶段。母亲提供的心理母体,从一开始就处于持续被侵蚀的状态,但直到几个月后,婴儿才开始稳固自己的能力,以生成和维持自己的心理母体。在过渡现象阶段,母亲的作用是逐渐地去幻象,也就是说,逐渐地让婴儿从对母亲提供抱持性环境作为自己心理母体的依赖中"断奶"。在这个"断奶"的过程中,婴儿发展出了独处的能力(Winnicott,1958a)。

缺席的母亲的在场

为了理解温尼科特思想中"独处能力的发展"这个部分,我们需要作一个重要的区分:在这个过程中,内化的并不是作为客体的母亲,而是作为环境的母亲。过早的"客体化"(发现作为客体的母亲)和对客体母亲的内化,将导致婴儿形成全能的内部客体母亲。这种将母亲内化为全能客体,与发展出独处能力,是大为不同的。(前者常常会 *182* 成为对后者的防御性替代。)

发展出独处的能力意味着,婴儿有能力发展出一个空间,自己可以呆在里面。(温尼科特将这个空间称为"潜在空间"(potential space),对此我们会在第八章和第九章进行详细讨论。)直到我们现在讨论的这个发展上的时间点之前,是母亲和婴儿共同创造了这个空间,这并不是一个在宇宙中延伸的空间,而是一个个人空间。它不完全等同于我们皮肤界定的空间,也不完全等同于我们的心灵。除了(不精确的)身体和心理维度之外,涵容性空间的体验还包括对这样一些空间的体验:创造性工作的空间,"无拘无束地"放松的空间,做梦的空间①,以及游戏空间。

对于个体生成这种空间的能力的发展过程,需要作如下的悖论陈述:儿童必须有机会独自玩耍,包括在缺席的母亲在场的情况下,以及在场的母亲缺席的情况下。这个悖论可以这样理解:母亲作为客体是缺席的,但同时她又作为涵容性空间,以一种不被注意的方式在场,使儿童得以在这个空间中玩耍。母亲必须不让自己作为客体的存在变得太重要,因为这会使得儿童对作为全能客体的她过于沉溺。独处能力的发展是一个过程,在这个过程中,母亲作为潜在空间的隐形的共同创造者的作用,被(将要 *183* 成为的)儿童接管。从这个意义上说,健康的个体在独处时,总是有一个自己创造出来的环境母亲在场。

---

① Lewin(1950)用"梦的屏幕"(dream screen)来指代这种梦可以在其中发生的"背景屏"(backdrop)(p.83);Khan(1972)用梦空间这个术语来描述这种体验;Grotstein(1981)将这种以及其他类型的体验的背景,称为"原始认同的背景客体"(background object of primary identification)。

濒临灭绝和母体的破裂

尽管母亲对于创造出潜在空间的贡献并未被婴儿注意到，但是，当这种不显眼的供给破裂时，对婴儿来说却是十分显眼的事，他会将之体验为濒临灭绝。在这些时刻，一个分离的、不连续的婴儿陡然（防御性地）出现，试图处理灾难。

借用 Balint（1968）的意象，婴儿和环境母亲的关系，与成人和空气的关系非常相似：我们一直需要空气，我们理所当然地呼吸，吸入需要的，呼出不需要的。然而，一旦我们被剥夺了空气，哪怕是片刻，我们都会剧烈而恐怖地意识到，我们是如此地依赖空气来维持生命。相应地，在心理层面上，与环境母亲之间关系的破裂，也会导致婴儿突然灾难性地意识到，自己对缺席的客体母亲的依赖。

下述这个案例显示了婴儿征用心理母体的过程未能完成的情况。一位事业成功的工程师，娶了比他年长 20 岁的女性。只有当他在车库里修车，而他的妻子在他们的家里时，他才感觉自己活着。如果她不在家，他就不能这样全神贯注地工作，而会不耐烦地等她回来。而另一方面，如果她在他工作时来到车库，他则会感到暴怒。她在现实身体层面的在场，被他体验为暴力的不受欢迎的侵入，使他无法工作。

许多慢性睡眠困扰，都反映了内部心理母体发展的不充分。入睡涉及到一种信任，相信自己即便是放弃了几乎所有形式的意识控制，仍然有能力在一段时间内抱持自己的存在。在睡眠中，我们将自己交给自己的内部抱持环境。①

①　童谣（常常是关于睡眠的象征，并在婴儿入睡时被唱给他听）中关于婴儿害怕坠落的恐惧比比皆是。在这里，危险不仅来自于身体受伤，甚至也不仅是分离焦虑；危险在于抱持睡眠的容器的破裂，这个容器指的就是部分属于婴儿内部、部分属于其外部的心理母体。
　　　摇呀摇，小宝宝，
　　　在树梢——
　　　风儿轻轻吹，
　　　摇篮跟着晃。
　　　树枝若折断，
　　　摇篮会掉落。
　　　宝宝跌下来，
　　　摇篮一道摔。
　　　（童谣译文来自因特网，作者不详——译者注）

对客体母亲的沉溺（Addiction）

Fain（1971，被 McDougall 引用，1974）描述了各种形式的婴儿失眠，这些失眠症状似乎与婴儿在利用作为环境的母亲方面的困难有关。在 Fain 的研究中，有些婴儿似乎沉溺于母亲真实的身体在场，除非他们被抱住，否则无法入睡。这些婴儿不能为自己提供一个可以入睡的内部环境。Fain 观察到，这类婴儿的母亲中，有很多都会干涉婴儿试图在母亲不在场时为自己提供替代物的努力（例如，吮吸拇指这样的自体性欲行为），这导致婴儿完全依赖真实的母亲作为客体。

在我为与严重困扰病人工作的临床人员提供督导的经验中，我发现，在与边缘和精神分裂症病人的工作中，当治疗师觉得在提供自认为的"支持性治疗"时，常常陷入让病人沉溺于作为客体的治疗师的过程。下面的案例阐述了，在与严重困扰的病人工作时，即便是进展良好的分析工作，也存在着这种潜在风险。

一位严重困扰的边缘病人，接受每周三次的心理治疗已经六年了，并且在这个过程中取得了显著进展。由于病人的投射性认同与治疗师的童年经历在自己身上激起的感受的相互作用，所导致的反移情问题，治疗师感到难以忍受病人日益发展出来的独立性。当时病人 S 对自己计划申请参加一项职业培训感到焦虑，他恳请治疗师给培训机构打电话，获取有关录取要求和程序的信息。尽管在事后的回顾中，S 的联想和梦提供的材料很清晰地显示，他潜意识里想要获得许可，可以自己去做这件事，但治疗师还是默许了他的外显要求。治疗师打了这通电话，并在下一次会面中交给病人一张纸，记录了他从这家机构获得的信息。S 立刻勃然大怒，用猥亵的语言对治疗师大吼大叫。他害怕自己会伤害治疗师，于是怒气冲冲地离开了治疗室。病人在接下来的三个星期都没有回来。

在督导过程中，治疗师得以理解，在治疗中发生了什么，并预测病人将会以哀怨而焦虑的状态回到治疗中，他想要用这种方式来向治疗师保证，自己会完全依赖他。当 S 果真以这种方式回来时，治疗师告诉 S，他认为 S 肯定觉得，治疗师希望将自己变成小宝宝。在这次会面中，治疗师还说，看起来病人已经作了决定，他相信崩溃瓦解（从而证明自己需要治疗师）是值得付出的代价，如果不这么做就意味着杀死治疗师，离开治疗师，或者让治疗师离开自己。

病人看起来松了一口气，感觉治疗师理解了他的一些感受。在下一次会面之前,病人和他的一位朋友一起去了康复中心,病人在那里领取了一份录取流程手册。在回家的路上,病人感到极度焦虑,他开始害怕,之前与治疗师的会面是自己想象出来的。惊恐中他打电话给治疗师,要求立刻安排一次额外的会面。治疗师说,他认为 S 能够等待,直到他们原计划中第二天的会面。病人的焦虑平息了。

在这个案例中,治疗师放弃了自己提供治疗性环境(分析空间)的职责,相反,他以一种全能化客体的姿态进入了病人的生活。病人渴求这样一种客体关系(原始的母性移情),但他同时也足够健康,有能力反抗这种关系不可避免会激起的奴役性的沉溺。

发现分离的创伤性和非创伤性形式

在过渡现象阶段,必须确保,婴儿(或病人)不需要突然面对自己拥有心灵这个体验性事实,也就是说,他拥有自己的经验领域,他可以在其中思考自己的想法,感受自己的感受,梦自己的梦,玩自己的游戏。婴儿需要时间,来作出这种体验性的发现。如果给予婴儿自己发现的机会,那么这个发现至少是部分地令他高兴的(Mahler, 1968,参见对分离—个体化期的实践亚阶段婴儿的喜悦的描述)。

使婴儿有可能从母亲提供的心理母体断奶的关键的心灵内—人际现象,是对一系列悖论的维持:婴儿和母亲是一体的,同时也是分开的;婴儿创造了客体,同时客体也在那儿等着被婴儿发现;婴儿必须在母亲在场时学会独处,等等。至关重要的是,婴儿或儿童不被问及,真相是什么(Winnicott, 1951)。悖论的两个方面都是真相。同时保有他与母亲是一体的以及他与母亲是分离的,这两种情感上的真相,使得婴儿有可能在母亲和婴儿之间的潜在空间内游戏。(在第八章和第九章将讨论潜在空间的正常和病理性发展。)

客体母亲不在场的体验,是抑郁心位(也就是完整客体关系被整固的阶段)的现象。面临作为客体的母亲的丧失,会引发悲伤、孤独、内疚等感受,有时还会感到凄凉。如果一个人已经获得了独处的能力(也就是说,环境母亲已经被内化了),那么他就能够从这个丧失中存活下来。而作为环境的母亲的丧失,则是远比丧失客体母亲更具灾难性的事件,会引发濒临丧失自己的感觉,他会体验到自己处于消融的边缘。有时候,如果情况尚未达到使病人进入恐慌状态或诉诸大规模防御性撤退的临界点,病人可能会报告说不能思考,或不知道自己是谁。

有一次我和一位处于这种状态的病人工作，我称呼他的名字（Todd）并向他问候。他以混合着迷惑、恐惧和绝望的眼神看着我，以单调的声音说："Todd已经丢失了，他永远地消失了。"病人告诉我，他不知道自己的名字，但他不认为自己的名字是Todd。然后，他进入一种极度恐慌的状态，逃离了我的咨询室。他在走廊上尖叫着，用力将自己往墙上撞。只有当被三位保安紧紧抱住时，他才能停止挣扎，慢慢平静下来。

当病人体验到这种形式的消融，并导致恐慌不断攀升，这时有一种对重建抱持性环境的强烈需要。通常是在这个时刻（正如上述案例描述的），病人感到迫切需要制造出这样一种骚乱（对内部灾难的外化），使得警察或保安感到有必要在身体上，并且有时是以暴力的方式，来限制病人。至关重要的一点是，在这种抱持性行为中，需要包含 189 人际互动；例如，当对病人使用床单、限制物或"隔离室"时，需要有人和他在一起。否则，病人的恐惧会攀升，感觉自己只能选择自杀、深度的自闭性撤退或自伤等方式，来处理自己的心理灾难状态。我听说在一个未能提供人际抱持的事例中，被锁在隔离室中的病人用手指挖出了一只眼睛，事后推测，这可能是病人试图将无法忍受的体验拒之门外。

有了心理母体这个理论构想，现在，我们可以从一个略微不同的视角，来重新思考克莱因的思想。克莱因理论中隐含的理念认为，婴儿心理生活的母体，根本上是生物性的。生本能和死本能，作为物种遗传获得的前概念的载体，共同组织和容纳了心理生活。本能深层结构是组织心理活动的生物性实体，但它无法被直接体验，就如一个人不能直接体验自己的大脑或语言深层结构。本能的组织功能在体验中表现为：在为源源不断涌来的、混沌无序的原始感官资料（沿着生物学上预先决定的线路）赋予意义的过程中，起到组织和包容的作用。心理是嵌入到生物性中的，这是不言而喻的（心理现象具有生理的基体），但克莱因和弗洛伊德的本能理论走得比这更远，他们内隐地提供了，生物性（也许更准确的说法是心理生理[psychobiology]）是心理意义系统的母体这样一种理论构想。

温尼科特认为，婴儿的生理母体与母亲提供的母体互相渗透，二者都悄无声息地存在着，除非人际母体破裂。当这种破裂不可避免地发生时，婴儿必须使用自己的生 190 物性因素决定的心理防御机制，包括原始的分裂、投射、内摄、否认、理想化等。从温尼科特的视角来看，这些心理运作并不是对死本能衍生物的防御，而是当心理母体中母亲的部分难免会发生运作失败而导致的危机时,婴儿部分先天具有的容纳和组织自己经验的能力。

3 完整客体关系阶段

至此,我已经讨论了温尼科特所构想的母亲的两种作用:一种是作为延迟刺激的抱持性环境,另一种是作为监控者来确保"断奶"过程的顺利进行,使得心理母体的"内化"(或者说母体被婴儿征用)得以发生。现在,我将关注,在婴儿达到"统一状态",也即抑郁心位的完整客体关系状态的发展阶段中,母亲的作用。

客体的存活和对外部现实的发现

在抑郁心位,婴儿不再依赖母亲作为自己心理内容的母体。现在,他在很大程度上可以为自己提供这个母体。然而,他对母亲的依赖并未停止,只是有了新的形式。

191 婴儿现在依赖作为客体的母亲,他正处在发现(不同于"创造")她的过程中。他在情感上的持续发展,包括"使用客体"(use object)(Winnicott,1968)的能力和心理现实的发展,有赖于母亲持续地作为外部客体发挥作用。如果我们将抱持看作母亲在最初发展阶段的核心功能,而"断奶"看作过渡现象阶段的核心功能,那么,在抑郁心位[①],我们可以认为,母亲的关键任务是,随着时间的流逝存活下来。

在这里,再一次地,如果抛开对克莱因著作的理解,我们也不可能理解温尼科特关于精神分析对话的这部分著作。温尼科特思想中的这个方面,是关于一系列关系的理论,包括婴儿与内部客体的关系、内部客体与现实中的外部真实客体的关系、内部客体与外部客体的心理表征之间的关系等。在经典理论中,不存在与克莱因的内部客体概念相当的概念。克莱因认为,内部客体起源于与本能(我称之为心理深层结构)相关联的先天前概念。客体的心理表征不是先天的,但是相关理念的结构是先天的,这种结构在婴儿遭遇真实客体时得以成形,形成心理表征。例如,真实的乳房仅仅是为乳房

192 的"前概念"赋予了形状(Bion,1962a,1962b)。需要强调的是,"前概念"还不是概念(观念),而是将会成为概念的潜质,在前概念与它的"实现"(Bion,1962a,1962b)相遇,

---

① 温尼科特(1954—1955)认为,大约在半岁到一岁之间,婴儿逐渐达到抑郁位点。这个发展成就的标志是,婴儿开始能够"玩扔东西的游戏"(p.263),婴儿通常在大约 9 个月大时,把这种能力发展得"趋于完美"(a fine art)(p.263)。

也就是遭遇到真实的乳房时，前概念就成为了概念。婴儿并不是在遇见乳房之前，就有关于乳房的心理图像，婴儿并不以这种方式来预期真实的乳房；但是，他之所以能够在与乳房相遇时"认出"乳房，是由于，他生物性结构的内部序列的一部分默默地存在着，并能够被赋予表征的形式。

从克莱因的视角看，在内部客体的形成过程中，内化仅仅起到了第二位的作用。在更为根本的层面上，心理客体的形成过程源自婴儿的心理深层结构，经由婴儿对世界的体验而被赋予形状，然后表征逐渐累积的品质被（再）内化。在真实外部客体中，只有那些与结构性地预设的客体相契合的部分，才会被使用（"看见"），于创造内部客体表征。以这种形式形成的内部客体表征，不同于后期发展出来的外部客体表征。外部客体表征的形成，主要是个内化过程，并取决于婴儿从经验中学习的能力，即觉察和利用真实和预期的客体之间的差异的能力。而在早期，真实客体被预期的客体所侵蚀。[1] 由于内部客体是婴儿的第一个创作物，它们的运作完全处于全能思维的庇护之下。

克莱因认为，要修改按照上述方式形成的内部客体，投射性认同是核心手段。母亲对投射性认同的涵容是对婴儿的前概念进行改写的过程。通过这一过程，内部客体原先被投射性扭曲的部分，逐渐被"净化"（Grotstein，1980a，1980b），并形成了外部客体表征。心理表征并不会彻底失去与它发源的内部客体之间的联系，但如果对婴儿的投射性认同提供足够的母性涵容，会使得心理表征越来越脱离内部客体源头以及与内部客体关系相联系的全能思维，从而获得越来越多的自主性。

这种对客体表征的"外在性（externality）"的整固程度，体现为一个人在多大程度上有能力与真实客体建立关系，而不是简单地将他的内部客体世界移情性地投射出去。分裂样病人与其他更健康的人群相比，在更大程度上是自身全能内部客体世界（这个内部世界会被投射到当前的客体上）的囚徒；而对更健康的人群来说，移情只是为自己与真实客体之间的关系提供了一种背景，真实客体的品质会被觉知和回应，即便这些品质和主体的移情预期有所不同。

[1] 经典精神分析学者［如 Jacobson（1964）和 Mahler（1968）］所说的客体关系，主要是指与外部客体的真实互动，以及由此产生的内化。他们所说的早期客体并非主要是由婴儿创造的；客体会对婴儿作出回应、产生影响并受到婴儿的影响，并通过内化过程改写婴儿的心理结构。英国客体关系理论（受克莱因理念的影响）则更多地强调幻想、投射和深层结构的"预期"对形成客体所起的作用。

　　基于以上观点,精神分析面临的理论问题是:不仅需要解释幻想中的客体(内部客体)是如何被创造出来的,而且还需要解释外部客体是如何被创造出来的。换句话说,精神分析需要一种理论来解释,婴儿怎样发展出这样一种能力,使其可以超越自己那通过将内部客体投射出去而创造出来的世界,发现外部世界。

　　虽然温尼科特对于克莱因就这个理论问题所提供的解决方案(通过逐渐成熟和持续的投射性认同来净化内部客体这个理念)并不满意,但他接受了许多致使这个理论问题被提出的基本前提假设。尤其重要的是,他采用了克莱因内隐的理论构想,即内部客体起源于由先天生物性决定的前概念,尽管他对这些前概念的特性的构想与克莱因的构想有着显著差异。温尼科特认为,婴儿天生对于能够满足他需要的客体,具有一种模糊的结构性准备。我推测,这种结构性准备解释了,为何婴儿对母亲共情地提供的客体(如乳房),不会感到惊讶或兴奋,因为乳房符合婴儿对世界的预期。除非客体完全在"预料之中",也就是说,与婴儿在真实经验发生之前就具有的关于事物的内部序列完全一致,否则婴儿就会"注意到"客体,这将导致对分离的过早觉察。正是由于婴儿是结构性地(而不是有动机地)预期客体,客体就有可能被觉知,但并不因为与自体分离和有差异而被注意到。

　　在温尼科特对发展的理论构想中,必须腾出心理空间,才能发现外部客体。温尼科特(1968)以他特有的谜一般的方式说,正是婴儿对客体的破坏(而母亲从破坏中存活下来),使他发现了客体的外在性。我猜测,他的意思是说,在婴儿对内部客体的全能幻想的放弃中,蕴含着一种至关重要的信仰行为。婴儿允许自己从全能内部客体①的怀抱中离开,进入一个他迄今为止尚未遇见的(潜在)客体的怀抱,因为到目前为止,外部真实的母亲一直都受到全能内部客体母亲的侵蚀。从外部观察者的视角来看,外部客体母亲一直都在那里,并(与婴儿一起)创造出了主观性客体的幻象。然而,正是这种幻象被成功地创造和维持,使得婴儿不必留意外部客体母亲的存在,她存在于婴儿全能幻想的领域之外。当然,婴儿已经遇见了她,但并没有"注意到"她;他误以为她是他自己(自己的创造物)。在放弃("毁灭")内部客体的过程中所发生的信仰行为,是一种对(尚不可见的)外部客体母亲在场的信任。因此,婴儿在为外部客体母亲腾出空间,并通过放弃(破坏)全能内部客体母亲的行为来认出她的过程中,真实的分离的母

---

① 温尼科特认为,潜意识的全能内部客体是为了应对痛苦而又在所难免的母性抱持环境破裂,而被防御性地创造出来的。婴儿通过构造出按照他全能幻想出来的规则运作的内部客体世界,来应对由于过早觉察到分离而导致的焦虑和无助感。

亲必须在那里(接住婴儿),这是至关重要的。

主体对客体(内部客体)说:"我毁灭了你",而客体(外部客体母亲)就在那里 196
接收这个信息。正是从这一刻起,主体说:"你好,客体!""我毁灭了你。""我爱
你。""你对我有价值,因为你从我对你的毁灭中存活了下来。在我爱你(指在婴儿
的全能控制之外的、现实世界中真实的母亲)的同时,我一直试图(在我的潜意识
幻想中)毁灭你(指受婴儿全能控制的内部客体母亲)……"现在,主体能够使用已
经存活下来的(外部)客体了。(Winnicott, 1968, p. 90)

在这个时刻,外部客体第一次能够被使用,因为这个已经被识别出来并且能够与
之互动的客体,是存在于自身之外的外部客体。而在此之前,客体的真实品质,以及外
部客体在自身之外根深蒂固的存在,对婴儿来说都是不被觉察的,因此也是不可使用
的。婴儿通过维持主观性客体的幻象,来保持自己对外界(必要)的绝缘,他为此付出
的代价是:延迟发现存在着外部世界,其中有着可利用的客体,也即那些他能够与之
共享位于自身之外的真实体验的他人。

客体的存活意味着,能够持续地以这样一种方式抱持婴儿(或病人)所处的情境:
当婴儿(或病人)试图执行信任的行动,放松对全能内部客体母亲的掌控时,客体母亲
(或治疗师)能够保持情感上的在场。

下述两种情形会导致不能放弃内部客体,一种是当婴儿允许自己坠入母亲的怀抱
时,外部客体母亲不能在那里接住婴儿;另一种是婴儿关于客体主观性幻象的体验,尚 197
未足以令他对世界产生信心,使得他能够放松自己,落入一个自己尚未看见的客体的
怀抱。在外部客体未能存活(即未能在婴儿需要时在身体或情感上在场)的情况下,婴
儿不得不将全能内部客体抓得更紧,于是这成了他获得安全的唯一形式。这个婴儿就
被囚禁在自己魔术般的内部客体世界中,他不得不僵化地抓住这个内部世界。因此,
他几乎无法发展出任何能力,以识别或利用自己客体世界的外在性。

同样的过程有一个较晚的版本,发生在儿童允许自己离开前俄期母亲的"轨道",
移动进入到俄狄浦斯爱的客体的"引力牵引"中。一旦儿童冒险去展开俄狄浦斯爱,真
实的俄狄浦斯父母客体必须在那里"接住儿童"。当俄狄浦斯爱的客体不能在情感上
或身体上在那里存在,等着被识别,被接受,并(在一定程度上)回报给儿童俄狄浦斯
爱,那么儿童将会撤回到前俄期母亲强有力的轨道中,也许再也无法摆脱这个轨道。

仁慈、内疚和良性循环

在婴儿发现客体的外在性的这个心灵内一人际过程中，他也同时发展出了，关于自己对这个新近发现的外部客体母亲的影响的朦胧的觉察。在此之前，他一直"冷酷无情"（ruthlessly）地对待母亲（Winnicott，1954－1955），也就是说毫无仁慈（ruth）之心（仁意指关心和顾虑）。婴儿这样做，并不是因为在全能幻想中，他希望损害客体，而是因为他尚未发展出将客体视为主体的意识，因此也不会对客体抱有同理心。

婴儿在发现客体的外在性的过程中，开始觉察到自己在满足需求和排除阻碍时的残暴。婴儿潜意识里害怕，他在向母亲要求和索取时，会对母亲造成严重损伤。母亲在这时的作用是"持续地抱持住这个情境"（Winnicott，1954－1955，1968），以便婴儿能够在（潜意识的）幻想中伤害母亲的同时，时时刻刻发现母亲还活着，并以不同于他的潜意识幻想体验的方式存在着。幻想中的对内部客体母亲的破坏的体验和与真实存在并且不报复的外部客体母亲的关系的体验，这两种体验的同时存在，使得婴儿有机会将这两种形式的体验并列在一起，体验到二者都是真实的（外部真实和内部真实）。正是从这两种体验的持续并列存在中，婴儿得以构建出自己的心理状态，我们将其称之为心理现实。

举个例子，假如母亲能够（在一段时间里）忍受，在婴儿精力旺盛的进食中蕴含的攻击性及其后果，那么她就在那儿，不仅从这个经验中存活下来，还识别出了来自婴儿的用于修补的礼物的意义，并接受了他的礼物（例如，排便，或是"咕咕"的叫声）。母亲以这种方式，允许婴儿弥补，他在幻想中已经作出的和正在持续进行的伤害，以及他实际造成的张力。

虽然克莱因（1935，1940）提出了在抑郁心位发展出的修补愿望，但她并未深入探索，在这一发展或者说对客体外在性的发现中，居中调停的人际互动的性质。克莱因当然意识到了，婴儿的内疚感和想要修补的愿望是与客体相关的现象。但她并未充分关注，这个关系的性质所涉及的与真实外部客体之间的关系：婴儿要完成自己的心理行为，必须要有个人在那里，识别出婴儿的内疚感，并接受婴儿用于修补的礼物。要完成这个"良性循环"（Winnicott，1958a，p. 24），婴儿完全依赖作为客体的母亲，如果没有母亲从婴儿幻想中对她的破坏中存活下来，以及她潜意识地认识到婴儿礼物的意义，并接受这个礼物，婴儿是不能够成长的。

总而言之，温尼科特关于婴儿对母亲的依赖的第三种形式（即婴儿依赖母亲作为客体)的理论构想,是在克莱因关于内部客体和抑郁心位的理论构想的背景下,发展出来的。温尼科特和克莱因观点的不同之处在于,他把婴儿将母亲作为客体的体验,置于他理论构想的核心位置。婴儿体验到客体随着时间流逝持续地存活,以及他潜意识地对内部客体的放弃,这为发现外部客体创造了必要的条件。这种幻想和对真实客体的体验之间的交互作用,也为心理现实的产生创造了条件,心理现实的产生,是基于内部和外部现实之间的分化,而取得的一种发展成就。外在性并不是经由对内部客体的一次性"破坏"(放弃),一蹴而就地创造出来的。来自内部客体原始联结的拉力,会持续地作为阻力而存在。用心理学术语来说,内部客体必须在潜意识幻想中持续地被破坏,从而持续地为外部客体被重新发现腾出空间。

结论

本章通过讨论婴儿期依赖的三种形式,论述了温尼科特从母—婴单元中发展出母亲和婴儿的理论构想。我将这三种形式的依赖,每一种都置于与克莱因著作中特定的相关部分的关系中进行理解。在温尼科特的著作中,克莱因的这些观点同时被保留和被抛弃了。

温尼科特认为,在生命之初,婴儿唯有在母性抱持环境提供的保护性的延迟刺激的包覆中,才能存活和发展,从这个意义上说,在起初,"不存在婴儿这回事";最初的心理发展单元是母—婴。母亲的心理和身体活动,为婴儿的心理和身体体验提供了最初的母体。母亲提供了主观性客体的幻象(认为内在和外在是同一的幻象),以保护婴儿,避免他过早地觉察到分离。

在过渡现象阶段,母—婴配对的发展任务是,让婴儿从母亲提供的心理母体中非创伤性地"断奶"。这部分是通过在缺席的母亲在场、在场的母亲缺席的情况下,婴儿独自游戏的体验来达成的。换句话说,婴儿必须拥有,在作为环境的母亲在场、作为客体的母亲缺席的情况下,进行游戏的体验。通过将环境母亲内化,婴儿发展出了为自己的心理和身体体验提供母体的能力。母亲持续性地侵入婴儿的游戏,将会令婴儿对真实的外部客体母亲变得极度依赖。这将导致对作为客体的母亲的防御性内化,以及与全能的内部客体母亲的沉溺性关系,而不能发展出自己的内部抱持环境(心理母体)。

第三种形式的依赖是,在完整客体关系阶段,婴儿对母亲随着时间流逝持续存活的能力的依赖。到目前为止，真实的外部客体母亲，在很大程度上受到婴儿投射出来的自己的内部客体世界的侵蚀。在完整客体关系阶段，婴儿进入了放弃（在潜意识幻想中"毁灭"）全能控制的内部客体母亲的过程，这为发现真实的外部客体母亲腾出了空间。这涉及一种信仰行为，婴儿允许自己离开全能内部客体母亲的怀抱，进入一直在那里存在着，但从未被婴儿注意到的外部客体的怀抱。在这个过程中，真实的母亲必须持续地保持身体和情感上的在场，能够从婴儿真实和幻想的破坏行为中存活下来，并识别和接受他用于修补的礼物。这个正在被发现（不同于被创造）的外部客体，能够被婴儿以全新的方式"使用"，因为婴儿与这个被发现的客体的关系，是他与一个扎根于婴儿的全能幻想之外的现实世界中的客体之间的关系。

第八章 潜在空间

在温尼科特引入的所有概念中,潜在空间,或许是最重要同时也是最难懂的。温尼科特用潜在空间这个术语,来泛指位于幻想和现实之间的中介性体验领域。潜在空间的特定形式包括:游戏空间、过渡客体和过渡现象的领域、分析空间、文化体验领域以及创造性领域等。潜在空间的概念依然是神秘难解的,部分原因在于,将这个概念的含义从它蛰伏其中的图像和隐喻的优雅体系中抽取出来,是如此困难。本章尝试澄清潜在空间的概念,探索温尼科特著作中的这个方面,对于象征化和主体性能力的正常和病理发展的精神分析理论的隐含之意。

虽然潜在空间起源于母亲与婴儿之间(潜在)的身体和心理空间,但在正常发展过 203
程中,直到后来,个体婴儿、儿童或成人,才有可能发展出为自己生成潜在空间的能力。 204
这种能力包含了一套按照特定模式运作的、有组织并且发挥着组织作用的心理活动。我将在下文探讨辩证过程的概念,以此提供一种可能的范式,来理解生成潜在空间的心理活动的形式或模式。

温尼科特的语言

首先,我将用温尼科特的语言来呈现他关于潜在空间性质的概念。我并不打算即刻作出澄清或解释,我将暂时履行温尼科特的忠告:允许悖论"被接纳、容忍和尊重……而不去解决"(Winnicott, 1971e, p. xii)。温尼科特说——或许他是唯一一个这样说的精神分析作者——理解他的理念,要从他的语言开始,这是至关重要的。温尼科特认为,意义不仅存在于写作的内容,而且也同等重要地存在于写作的形式:"它们一起构成了一个整体。"(Winnicott, 1967a, p. 99)

1. "潜在空间……是在拒不承认客体是非我的阶段,也就是在与客体融合的阶段末期,存在(但又不能存在)于婴儿与客体(母亲或母亲的一部分)之间的假设性领域。"(Winnicott,1971f,p. 107)

2. 游戏、创造、过渡现象、心理治疗以及"文化"体验("重音在体验二字",1967a,p. 99),都需要一个场所才能在其中发生。这个场所,也就是潜在空间,"不在内部(无论我们在何种意义上使用内部这个词)……也不在外部,也就是说,它不是那个被拒绝承认的世界,或者说非我的一部分,那个世界已经被个体(无论多么困难乃至痛苦地)识别为,真正属于外部,存在于魔术般的控制之外"(1971c,p. 41)。潜在空间是位于(a)内部世界也即"内部心理现实"(1971b,p. 106)和(b)"外部现实"(1971c,p. 41)之间的经验的中间地带。它存在于"主观性客体和被客观地觉知到的客体之间,我的延伸和非我之间"(1967a,p. 100)。

3. 潜在空间这个经验领域,总体上的,尤其是属于过渡客体的"核心特征是……悖论以及对悖论的接纳:婴儿创造了客体,而同时客体也在那儿等着被他创造……我们都知道,这个游戏的规则是,我们绝不会用这样的问题来面质婴儿:这是你创造的,还是你发现的?"(1968,p. 89)

4. 这个"领域是个人(婴儿、儿童、青少年或成人)在特定环境中经验的产物"。(1971b,p. 107)

5. 潜在空间将婴儿(或儿童、成人)与母亲(或客体)连在一起,同时也将他们分开。"这是一个悖论,我接受它,而不试图去解决。婴儿要将外部客体世界与自己区分开,只能通过(婴儿与母亲之间的)空间的缺失,也即潜在空间以我正在描述的方式(例如,通过幻象、游戏或象征符号等)被填充,来实现。"(1971b,p. 108)

在温尼科特创造出来、用于传递他对潜在空间的理论构想的这些隐喻和悖论的框架中,我觉得我几乎无法额外增加什么,来进一步阐述或扩展他说的话。要找到自己的语言来讨论,温尼科特试图凝缩在看似简单、却极度令人回味的隐喻性语言中的那些极为复杂的理念,是非常困难的。温尼科特的理念,在很大程度上被围困在他用于描述这些理念的语言中,远远超出通常的情况。这导致了温尼科特思想中关于潜在空间的部分既清晰又晦涩的奇特混合,这使得这些概念(尤其是过渡客体概念)在具有广泛吸引力的同时,又几乎无法对这些理念作系统的阐述、修订和扩展。

本章的任务之一是,用不同于温尼科特的语言,来讨论潜在空间概念所揭示的现象。我希望,这些新术语不会改变他原本语言中的核心意义,并且能够提供,温尼科特未能提供的、理解潜在空间的入口。

游戏这个现象

现在,我想为潜在空间概念所涉及的这些抽象理念,提供一些经验参照,我觉得这可能会对读者有帮助。在下述例子中,游戏(即潜在空间)所需要的心理状态,在一开始是缺失的,但后来却出现了。

一名两岁半的儿童,早先在洗澡时头被埋进水里,这让他受到了惊吓,于是他开始极度抗拒洗盆浴。几个月后,在母亲温柔但坚持地劝诱下,他非常不情愿地坐进放有四英寸深水的浴盆里。这个孩子变得全身紧张;他的手被母亲的手紧紧抓住。他没有哭,但他的眼睛乞求地盯着母亲的眼睛。他一个膝盖僵直着,而另一个蜷曲着,以便让自己尽量多的部分保持在水的外面。他母亲几乎是马上,试图用一些浴缸玩具来吸引他。他却没有表现出一丁点儿的兴趣,直到母亲对他说,她想喝茶。这时候,他本来明显体现在胳膊、腿、腹部尤其是脸上的紧张,突然消失了,代之以一种全新的身体和心理状态。他的膝盖弯曲了一点;他的眼睛巡视着玩具杯碟,并发现了一个空的洗发水瓶子,他决定用它作为喝茶用的奶罐;他声音中的张力也变了,从紧张地坚持请求"我不要洗澡,我不要洗澡",转变为对游戏的叙述:"茶不烫了,现在可以喝了。我帮你吹吹。好喝的茶。"母亲要了一些茶,然后又要求再来一些。几分钟后,母亲伸手去拿浴巾。这使得他突然停止了游戏,就像他突然开始游戏一样,他开始游戏之前的所有那些紧张状况全都回来了。母亲再次对他保证,自己会抓住他,不会让他滑倒,之后,又问他,是否还有更多的茶。他说有,于是游戏又继续进行了。

这只是观察所得的材料,而非来自精神分析过程。不过,这个观察确实传递了,母亲和儿童如何能够生成一种心理状态,在其中,水由令人害怕的东西,转化成了其意义可以被交流(被儿童发现和创造)的弹塑性媒介(plastic medium)。在这里的转化中,现实并未被否认;危险的水出现在游戏中。幻想也没有被夺走活力——儿童瞬间魔术般地将危险的水变成了爱的礼物。此外,这里的游戏中,还出现了"我"的品质,这不同于在游戏开始之前,儿童和母亲之间那种牢牢的注视和不顾一切地抓住的连接方式。

在本章中,我将会讨论这里提到的这种心理状态中的每个特征的意义。

潜在空间与辩证过程

辩证过程是指这样一个过程,在其中,两个相对的概念互相创造、宣告、保存并否定了对方,它们各自都处在与对方的(持续变化着的)动态关系中(Hegel,1807;Kojeve,1934‐1935)。辩证过程通向整合,但整合从未完成。每次整合都创造出新的辩证对立和新的动态张力。精神分析中的核心辩证过程是,弗洛伊德关于意识和潜意识心灵之间关系的理论构想。如果没有潜意识心灵,就不会有意识心灵,反之亦然;一方创造了另一方,如果没有另一方,这一方的存在仅仅是一种假设的可能性。用数学语言来说,离开对方单独存在的意识心灵或潜意识心灵是空集;只有在与彼此的关系中它们才成为全集。仅仅在意识的心理事件存在的程度上,潜意识心灵才获得了心理内容,反之亦然。

209　　辩证过程在主体性的创造过程中具有核心地位。我说的主体性指的是,具有不同程度的自我觉察能力,范围包括,从有意图的自我反思(非常后期的发展成就),到最微妙不起眼的"我"的感觉(sense of "I-ness"),其中体验被微妙地赋予了这样一种品质,一个人思考着自己的想法,感受着自己的感受,而不是活在反射性反应的状态中。主体性和意识有关,但不等同于意识。意识(和潜意识)的体验出现在主体性的达成之后。我们将从下文的讨论中看到,主体性反映了象征符号、象征所指以及作解释的主体之间的分化。在这个分化过程中出现了主体,使得一个人可以有愿望。一个人不想意识到自己意义系统中的一部分的愿望,启动了经验的意识和潜意识领域的分化。

悖论的是,"我",只有在他人的存在下才成为可能。温尼科特(1967b)将这表述为"婴儿通过看到母亲眼中的反射,从而发现了自己"。这构成了一种人际的辩证过程,在其中,"我"和他人彼此创造了对方,并经由对方而得以保存。母亲创造了婴儿,婴儿也创造了母亲。[在讨论辩证过程时,我们总是考虑概念(如母亲的概念和婴儿的概念),而不是物质实体。]

意义是经由差异获得的。在一个完全均匀的场中,是不存在意义的。均匀的场的存在本身甚至不会被注意到,因为不存在这个场之外的其他任何东西,来赋予它意义。不存在只有一个单词的词典;理论上说可以有两个单词的词典,因为每个单词可以为识别和定义另一个单词,提供所需要的对照。从这个角度来说,潜意识心灵本身不构

成意义系统。在潜意识中不存在否定和矛盾（Freud, 1915b），对立面仅仅是静态地共
存，这是初级思维过程的标志。需要意识系统的存在来生成潜意识的意义，也需要潜
意识系统的存在来创造意识的意义。

　　在起初（或许这只是一个假设性的时刻），母—婴单元的主体性仅仅是由母亲方面
持有的一种潜质，它存在于母—婴单元之外。当温尼科特（1960a）说，（没有母亲，就）
没有婴儿这回事，我们可以从字面上接受他的意思。但我要补充的是，在母—婴单元
中，同样也不存在母亲这回事。母亲（外部观察者看到的母亲）将自己放在婴儿位置上
的这种全神贯注，如果放到另一个情境下，这样地投入到另一个人中而失去自我，将会
被看作是病态的（Winnicott, 1956）。

　　母—婴实体（不包括母亲在这个实体之外的其他部分）不具有主体性。相反，这里
存在一种"幻象"①（几近于妄想），即母亲和婴儿并非是分离的，并且事实上二者根本
不存在。母亲仅仅以不可见的抱持性环境的形式存在，以一种如此不显眼的方式来满
足婴儿的需要，以至于婴儿不会将自己的需要体验为需要。因此，婴儿尚不存在。

　　如果母亲与婴儿足够匹配，这种幻象/妄想被创造出来了，那么就不需要象征符
号，哪怕是最原始类型的符号。相反，这里存在一种不受干扰的"持续存在"状态
（Winnicott, 1956，p. 303），这将在日后成为经验的背景，而在此刻是不可见的，因为还
不存在和这种状态相对照的东西；它既是背景也是前景。唯有存在欲望时才需要象征
符号；在我们正在讨论的这个发展阶段，只有被满足的需要；被满足的需要不会生成欲
望（愿望），婴儿也就不需要符号。

　　不受干扰和谐运作的母—婴单元，可能只是一个假设性实体，因为母亲和婴儿之
间匹配的不完美②是不可避免的。由此导致的对婴儿施加的必要挫折，为婴儿提供了
觉察到分离的最初机会。

---

① 在不同的场合，温尼科特用幻象（illusion）这个术语指代两种颇为不同的现象。第一种是指，当母亲用共
　情性回应保护婴儿，避免使之过早地觉察到自己和他人的存在时，会产生一种主观性客体的幻象（更准确
　地说，是关于不可见的主体和客体的幻象）。这种幻象为婴儿提供了对外界的保护性绝缘（Winnicott,
　1948）。第二种形式的（出现在发展更后期的）幻象，是用于填充潜在空间的幻象，例如，在游戏中出现的
　幻象。在这里，体验到与母亲的一体和分离同时辩证对立地存在（Winnicott, 1971c）。

② Brazelton（Brazelton & Als, 1979）、Sander（1964）、Stern（1977）以及其他更多的研究结果显示，从婴儿
　生命的头几天起，在母亲和婴儿之间就存在着活跃的"对话"。这暗示了，早期对他人的非创伤性觉察是
　有可能的。Grotstein（1981）指出，没必要确定是否存在母—婴单元，还是存在早期对他人的觉察。二者
　可能同时存在于双重意识的两个分开的"磁道"上。（我们在第七章已经讨论过，在对发展理论的思考中，
　需要同时包括共时性和历时性的轴。）

在这个时刻,母亲位于母—婴单元之外的那部分的任务是,使她的在场(作为客体的母亲)被婴儿知道,但又不惊吓到婴儿,于是婴儿就不需要否认,或以其他方式来防御这个事实。始于"大约第四到六到八到十二个月"(Winnicott,1951,p. 4)的这个开始觉察到分离的阶段,是温尼科特关于潜在空间的著作所关注的。他提出,为了让这个从母—婴单元到母亲和婴儿的状态的过渡,以非致病性的方式发展,需要在母亲和婴儿之间有一个潜在空间,这个空间一直是潜在的(而非真实存在的),因为它被一个决不会被挑战的悖论的心理状态填充着,这个悖论就是:婴儿和母亲是一体的,同时婴儿和母亲又是分开的。

从母—婴单元(不可见的环境母亲)发展出母亲和婴儿(作为客体的母亲),需要建立一种心理辩证能力,在其中一体和分离相互创造和宣告了对方。在起初,(与一体同时存在的)"两分性(twoness)"并不意味着,能够在母亲和婴儿之间划分出清晰的界限,从而产生两个分离的个体;相反,在这个时刻,两分是母—婴单元的一种品质。这是温尼科特(1958a)在谈论婴儿在母亲在场的情况下发展出独处能力时所指的情况。过渡客体是关于这种一体中存在着分离、分离中存在着一体的悖论的象征符号。过渡客体既是婴儿(全能创造出来的自己的延伸),同时也不是婴儿(他发现的位于自己全能掌控之外的客体)。

出现与过渡客体的关系,不仅意味着分离—个体化过程中的里程碑。出现与过渡客体的关系的重大意义还在于,它反映了个体发展出维持心理辩证过程的能力。

这项发展成就影响重大,包括生成以个人主体性(将自己体验为创造了自己的象征符号的主体)为中介、用象征符号表征的个人意义的能力。获得维持心理辩证过程的能力,涉及将不需要象征符号的统一体转化为"三元体",即三个分化的实体之间的动态交互作用。这三个实体是指:象征符号(想法)、象征所指(想法所想的对象)以及作解释的主体(生成自己想法和解释自己象征符号的思考者)。为了便于思考,我们可以把母—婴单元起初的均匀性设想为一个点(Grotstein,1978)。象征符号、象征所指和作解释的主体之间的分化,创造出了建立三角关系的可能性,于是空间得以在其中被创造出来。象征符号和象征所指之间、经由作解释的主体居中调停的空间,是使得创造成为可能的空间,是我们作为人类,而非简单地进行反射性反应的生物,得以居住其中的空间。这就是温尼科特所说的潜在空间。

这种由统一体到三元体的转化,与由母—婴单元到母亲、婴儿以及对母亲和婴儿的观察者这三个不同实体的转化,是同时发生的。统一体(不可见的母—婴)之所以变成了三元体,是因为在母—婴单元发生分化的时刻,不仅创造出了作为客体的母亲和婴儿,还创造出了作为主体的婴儿。作为主体的婴儿,是对作为(象征性)客体的母亲和婴儿的观察者;现在,婴儿是自己象征符号的创造者和解释者。 *214*

关于潜在空间的心理病理

温尼科特说,象征符号起源于潜在空间。如果没有潜在空间,就只有幻想;在潜在空间中,想象得以发展。在幻想中,"一只狗是一只狗是一只狗"(1971d, p. 33),而想象则涉及一层象征意义。在这些极其简洁的陈述中,温尼科特提出了关于象征功能的心理病理理论,一种尚待完善的理论。在本节中,我将通过研究各种形式的维持心理辩证过程能力的不完整或坍塌(collapse),来尝试补充这个理论。读者将会看到,象征功能的获得,是拥有维持心理辩证过程的能力的直接结果;象征使用方面的心理病理,源于特定形式的创造或维持这些辩证过程的失败。

我们之前已经讨论论过,在母亲与婴儿足够匹配的情况下,在起初(不可见的母—婴阶段),不需要也没有机会使用象征符号。在母—婴单元的背景下,观察者眼中的那个母亲,对婴儿来说是不可见的,她的存在仅仅是为了满足婴儿的需要,而这些需要在这个时候尚未被婴儿识别为自己的需要。当母亲用自己的东西替代了婴儿的自发姿态时,母—婴单元就会破裂。温尼科特(1952)把这种情况称为"撞击"(impingement)。 *215* 当然,某种程度的共情失败是不可避免的,而且事实上这对婴儿来说是至关重要的,这使他开始将自己的需要识别为愿望。然而,存在一个临界点,这种反复发生的撞击将会构成"累积性创伤"(cumulative trauma)(Khan,1963;Ogden,1978)。

累积性创伤是导致母—婴单元过早破裂的一系列广泛的原因之一。其他可能的原因包括:婴儿先天体质上(多种类型)的过度敏感、婴儿身体疾病导致的创伤、父母或兄弟手足的疾病或死亡等。无论出于何种原因,当母—婴单元过早破裂时,将导致下列几种特定形式的创造或充分维持心理辩证过程的失败:

1. 现实和幻想之间的辩证关系在幻想方面的坍塌(即现实被纳入幻想中),使得幻想变得和外部现实无法区分,并且成为和外部现实一样可触摸、强有力、危险而又令人满足的物自身。

2. 当现实主要被用作对幻想的防御时,现实和幻想之间的辩证关系可能会在现实方面受限或坍塌。在这种情况下,现实夺走了幻想的活力。想象被阻止了。

3. 当现实和幻想变得相互隔绝,以回避一组特定的意义时,例如,恋物癖中"自我的分裂",现实和幻想之间的辩证关系会变得受限。

4. 当母亲和婴儿在成为母—婴单元方面遇到严重且持续的困难时,婴儿过早创伤性地觉察到分离,这使得他的体验是如此地难以忍受,以至于需要采取诸如停止对觉知到的信息赋予意义这样极端的防御手段。体验被阻止了。在这里,主要不是幻想或现实被否认了;而是二者都没有被创造出来。

上述四种类型只是关于辩证过程受限的类型的一些例子,并不是包含所有情况的清单。

现实被纳入幻想

第一类创造和维持心理辩证过程的失败是,在心理辩证中"现实端"未能和"幻想端"在同等水平上建立起来,或者是,由于感到现实体验无法和幻想区分开,而成了对幻想强有力的确认,从而使得"现实端"被弱化。这里的"现实"这个术语并不是指,独立于一个人的觉知过程之外的东西,因为即便是在最"现实"的程度上,我们也需要根据自己个人的心理图式来对觉知到的内容加以组织,从而也可以说是创造。这里使用的"现实"这个术语,指的是被体验为位于主体的全能控制领域之外的部分。

当心理辩证过程的"现实端"坍塌时,主体被牢牢地囚禁在以物自身存在的幻想客体的世界里。这个世界是二维的,被体验为是事实的集合。幻觉不是听起来像一个声音,它就是一个声音。一个人的丈夫不只是表现得冰冷,他就是冰。一个人不是被体验为像他的父亲,而是他的父亲就在他的血液中,血必须被排出来,从而将父亲从他的身体里释放出来。

当现实和幻想之间的心理辩证过程在幻想方面坍塌时,生成的移情形式是妄想移情(Little, 1958;Searles, 1963):治疗师不是像病人的母亲,他就是病人的母亲。

一位正在体验到这种形式的潜在空间坍塌的边缘病人,开始害怕百货商场里的人体模型,他觉得那些模型都是活人。对这位病人来说,不存在人体模型"像活人"的概念;它们要么活着,要么死了。一个东西不代表另一个东西。所有东西都是它们自身。[Segal (1957)使用"象征性等同"这个术语,描述这种象征符号和象征所指之间的关系。]

当一个人感觉没有任何东西可以代表除了自身之外的其他任何东西的时候,他就越来越被囚禁在物自身的王国。他的经验几乎无法被理解,因为理解涉及到一个意义层面的系统,这个层面构成了背景,其他层面可以由此被赋予意义。例如,过去、现在、梦、移情体验,每一项都提供了理解其他项的背景,也唯有基于其他项每一项才能得到理解。

在对象征符号和象征所指进行区分的能力受限的情况下,觉知到的内容没有经过主体(即自己是意义的创造者的感觉)的居中调停。结果是,觉知到的内容携带着一种非人化的、必须要采取行动的急迫感,必须被除掉,被抓住,被隐瞒,被躲藏,被放进某人内,被崇拜,被粉碎,等等。而理解是这个人做不到的。这不是因为他不想理解自己的体验,而是因为在物自身的王国,一切都如其所是,因此,理解的潜在可能性并不存在。 *218*

一位边缘病人知道,治疗师之所以延迟了 3 分钟开始这个治疗小节,是因为他更喜欢前一位病人。这位病人告诉治疗师她决定终止治疗,这件事她已经想了很久,但之前并没有和治疗师说过。治疗师尝试去理解,为何病人要以这种特定的方式来解释自己的迟到,这种努力使得病人更加恼怒。病人指责治疗师用教科书式的解释来否认明显的事实。

对这位病人来说,感受是需要就此采取行动的事实,而不是需要被理解的情感反应。在象征所指(治疗师的迟到)和象征符号(病人对治疗师情绪化的表征)之间,没有空间。二者(病人的解释和外部事件)被当作是同一个东西。一位病人最近对我说:"你不能告诉我,我没有看见我所看见的东西。"当象征符号和象征所指之间的差异坍塌时,就不再具有能够"包容"想法和感受的空间了。移情具有了一种极度严肃的品质,幻象变成了妄想,想法变成了计划,感受变成了急迫的行动,移情投射变成了投射性认同,游戏变成了强制性行为。

只有在一个东西可以指代另一个东西,而又不会成为这另一个东西时,理解一个人体验的意义才成为可能;这构成了获得"恰当的象征形成能力"(symbol formation *219*

第八章 潜在空间 119

proper，Segal，1957)的必要基础。发展出恰当的象征形成能力，将一个人从物自身王国的囚禁中解放出来。①

现实被用作对幻想的防御

心理辩证过程的第二种病理性扭曲形式是，辩证过程的"现实端"主要被用作对幻想的防御。当建立心理辩证过程的潜在可能出于防御的需要而受限时(例如，对一组特定的潜在想法的意义进行排除、修改或缩小)，个体是需要付出代价的。在这里，代价是想象被阻止了。

在相对未受限的心理辩证过程被建立起来的情况下，玩过家家游戏的小女孩既是小女孩，也是母亲。至于她到底是哪一个，这个问题是不会被提出的。作为感觉自己(在现实中)是被母亲爱着的小女孩，使得她感到可以安全地(在幻想中)借用母亲，而无需害怕被报复，或害怕成为母亲而失去自己，从而使得作为独立的人的自己消失了。(在幻想中)成为母亲使这个小女孩得以获得和使用，在和她的母亲、父亲以及其他人相处的真实经验中，通过意识或潜意识交流获得的，所有那些丰富的文化、家庭和个人象征(例如，关于作为女性、母亲和女儿意味着什么)。

而另一方面，如果这个小女孩只是个小女孩，她就无法游戏；她不能够想象，也不能充分地感受自己活着。当现实必须被用于对幻想进行防御时，这种情形就会发生。②

> 一位男孩被允许看到了父母性交、弟弟诞生的痛苦过程，他在 6 岁就发展出了早慧以及"成人化"的关系模式，其中有一种标志性的深刻怀疑。他对于为"令人惊异"的事情寻找"符合逻辑"的解释很感兴趣，尤其是电视特技表演。当他在 7 岁那年被带去看一场木偶戏时，父母开始感到担忧，因为他不仅显得毫无乐趣，而且被自己意识到的一个事实所占据，即剧中角色只不过是些木头雕刻的人物，

220

---

① 拉康(1949—1960)指出，个体在获得了象征化能力之后，只不过是从一种形式的囚禁(即未经调和的感官体验)中获得了解放，而同时又进入了另一种新的囚牢，象征界的囚禁。在象征界的王国中，语言为我们提供了先于我们而长期持续存在的象征符号，并决定了我们的想法，尽管我们处于"是我们自己创造了自己的象征符号"的幻象之中。

② 如果这个小女孩只是母亲，那她就是精神病，她会在某个时刻，为自己在幻想中占有成人性欲和成人对生命与死亡的(全能)力量而感到害怕。在这种情况下，辩证关系的现实端坍塌了，被纳入了幻想端，就像我们在前一种情况中讨论的那样。

被线牵着垂下来，并被银幕后面的人操纵着。当然，他的觉察是"正确"的，但是，对这一现实的强有力的觉察，使得幻想和现实之间的辩证互动被阻止，而这个互动本来是有可能生成想象的。对这名儿童来说，基于他对早先生活中（"在幕后隐秘地"）目睹的内容的解释，愿望和恐惧会以破坏性的、极其可怕的方式遭遇"成真"的危险，很可能对他来说太过真实了。这种戏剧性的早期经验，对于一个人将幻想体验为可怕的东西，从而需要通过对现实夸张的强调来加以控制，既非必要也非充分条件。

长期持续地体验到这种形式的辩证过程坍塌的病人，很少，甚至几乎从不报梦，他们还会很快打发掉自己呈报的梦，认为那些是"无意义的"、"疯狂的"、"愚蠢的"、"奇怪的"，等等。当这些病人呈报他们的梦时，这些梦通常和他们意识层面的想法区别不大，例如，梦可能描绘了病人经常在意识中想到的尴尬场景。对这些梦的联想通常是：关于梦的哪些部分"真实地"发生了，而哪些部分没有的分类；梦里描述或暗指的场景在现实中精准对应的场景是什么。

这类病人中，有些是敏锐的观察者，他们会留意到治疗师办公室里的大书架上某一本书被移动了位置。但如果被问及，他对自己留意到的这个细节有何回应，病人会非常怀疑，对这么琐碎的话题的讨论有什么好处。通过这些讨论，我得到的教训是：从观察到的细节中寻找个人意义，"就好比是试图从石头里榨出血来"。事实上，病人对现实的固着性关注，是为了从幻想中"把血排干"。现实意义与幻想意义的辩证性谐振被阻止了，留下了想象无能的病人。

现实与幻想的隔离

恋物与倒错可以被理解为，代表一种特定形式的辩证过程受限，在这里，现实与幻想这两端变得彼此隔离。弗洛伊德（1927）指出，恋物癖涉及到一种"自我的分裂"，在这种分裂中，主体既知道又不知道女性没有阴茎。这种心理状态并不构成真正的心理辩证，因为这种结构的主要目的是为了否认，因此，在辩证的一端允许自己和另一端相互知晓上，发生了严重的受限。当辩证过程被制约时，将会变得受限：所有可能的意义组合都可能产生，除了那些会导致认为女性没有阴茎的想法。这种想法，以及任何衍生的想法，都不能被思考。在辩证过程被施加了限制的程度上，现实和幻想不再能够相互知道对方，而是以一种静态并存的方式孤立地存在着。辩证过程允许存在多重意义,例如,意识和潜意识意义之间的谐振。在倒错和恋物中涉及的这种分裂类型可以被理解为,不仅涉及否认,而且还阻止了这种辩证谐振,因为它可能会生成令人感到危险的意义。

对现实和幻想的阻止

这最后一种形式的创造和维持心理辩证过程能力的失败,比前面讨论的几种更为极端。前几种形式的功能失调都涉及辩证过程的受限(或者隐喻地说,"坍塌"),这意味着这个辩证过程本来已经在很大程度上建立起来了,但后来又变得受限。而我现在将要讨论的最后这种,是一种生成心理辩证过程的初级失败,表现为"无体验状态"(state of nonexperience)(Ogden,1980)。在无体验状态中,有觉知,但觉知到的内容保持为原始感官材料,而没有被赋予意义。意义并不是被否认了,而是根本就没有被创造出来。对这种状态有着多种不同的表述,如心理"丧失"(foreclosure)状态(McDougall,1974)、类似于癫痫小发作中可见的"失神"(absence)(Meltzer,1975)、"空白精神病"(blank psychosis)(Green,1975)、精神病性的"不存在"(not-being)(Grotstein,1979b)以及"活死人"(death in life)(Laing,1959),等等。在与慢性精神分裂症病人进行高频心理治疗工作的背景下,我将这种无体验状态描述为这样一种状态:

> ……所有的体验在情感上都是等同的,一件事和其他任何事同样好,也同样坏;所有的事物、人、地点和行为都是情感上可交换的……每样东西都可以被其他任何东西替代,这就创造出了类似于一个数字系统的情境,其中包含无数个整数,但每一个都和其他任何数值等值。加减法和其他任何运算在形式上是可能的,但没有任何意义,因为你总是得到和一开始时相同的值。(Ogden,1980,p.520)

我在其他地方讨论过(Ogden,1980,1982a,1982b),我将无体验状态看作:当其他一切防御运作都被证明,不足以保护婴儿避免持续的淹没性的心理痛苦时,婴儿所诉诸的一种上位的防御方式。在这种情况下,婴儿停止了对自己的觉知赋予意义,因此无法再生成任何类型的情感意义(个人意义)。在我们现在进行的这个讨论的背景下,这等于是同时阻止了现实意义和幻想意义的生成,从而让婴儿否认,他可以从中构建出涉及幻想和现实的辩证过程的那些元素。

象征符号、象征所指以及主体性

正如我们已经讨论过的，心理辩证过程的建立创造了条件，使得体验被赋予意义，这种意义能够被理解，而不仅仅是由事实构成的某种模式，需要对此采取行动。这种在象征符号和象征所指之间区分的建立，与主体性的建立是密不可分的：这两项成就是同一发展事件的两个方面。我们可以这样阐述温尼科特的话：潜在空间位于象征符号和象征所指之间。将象征符号和象征所指区分开，也就是将一个人的思想和他思考的对象、感受和他感受的对象区分开。要使象征符号从象征所指中独立出来，必须有一个主体，进入对觉知到的信息进行解释的过程中去。你可能会问，在我们认定的这个发展过程中，有什么新的东西吗？因为从逻辑上说，总是有一个人在那里解释他的经验。从外部观察者的视角来看显然是这样，但从主体的视角来看，事情在此前却并非如此。事实上，当象征符号和象征所指没有分化时，主体尚不存在。

获得区分象征符号和象征所指的能力，意味着获得了主体性。[①] 从这个角度来说，象征化运作总是涉及三个不同实体间的三元关系：象征符号（想法）；象征所指（思考的对象）；思考者（作解释的自体），即那个创造出自己的想法和站在想法和思考对这二者之外的人。在三个因素中的任意两个去分化（dedifferentiated）的情况下，无论是思考者和象征符号，象征符号和象征所指，还是思考者和思考的对象（象征所指），潜在空间都将停止存在。

在上述关于象征化能力的发展理论的讨论中，有一些重要内涵。辩证过程建立起来之前的阶段（过渡现象出现之前的阶段）的特征，并非像克莱因（1946）所说的那样，即内部客体以物自身的形式存在，而是完全不存在对象征符号的需要。在"不可见"的母—婴单元阶段，既不存在母亲也不存在婴儿，因为环境母亲仅仅是不可见地存在着，在婴儿的需要变成欲望之前，悄无声息地满足婴儿的需要。

如前文讨论的，我们可以把温尼科特对发展的理论构想理解为从最初的"一体"状态向外移动，这种"一体"状态并不被体验为是一体的，因为场景的均匀性阻止了对差异的觉察，以及进一步的对意义的描述。

225

------

① 这和克莱因（Klein，1958）关于心理现实在抑郁心位被创造出来的理论构想是平行的。

在称职的母性照料的背景下,发展进程将导向"三元性",也就是会出现由作解释的主体居中调停的象征符号和象征所指之间的关系。不可见的母—婴,变成了作为(象征性)客体的母亲和婴儿以及作为解释主体的婴儿。婴儿自己的主体性,使他能够觉察到母亲的主体性,这使得婴儿发展出"仁慈"(Winnicott,1958b),一种把他人当作完整而独立、具有和自己相似但又不完全相同的感受能力的人来关心的能力。伴随着婴儿发展出这种对他人主体性的觉察,婴儿也发展出了内疚、哀悼、共情和修补(而不是魔术式地恢复损坏的客体)的愿望。

从这个角度来看,由于辩证过程崩解而生成物自身的王国,可以被理解为,在客体关系发展路径中具有特定的地位:二元性(只有作为客体的婴儿和母亲,但缺少作为解释性主体的婴儿)对应着物自身的王国。这里只有客体而没有主体。这总是三元性(幻想和现实的辩证关系,由主体居中调停的象征符号和象征所指)崩解的产物,而不是从最初母—婴单元不可见的一体正常发展过程中的标准步骤。

温尼科特暗示,他认为在正常发展中,幻想从一开始就是一个辩证过程的一部分,在这个辩证过程中,幻想创造了现实,也被现实所创造。这个结论,和克莱因(1946,1952c)的理论构想中所认为的,将偏执—分裂心位置于抑郁心位之前作为正常发展线路,是背道而驰的。在偏执—分裂心位,幻想、象征性等同以及部分客体关系占据主导地位。克莱因认为抑郁心位(由主体、象征符号以及象征所指组成的三元关系)是从偏执—分裂心位的二元关系(存在象征符号和象征所指,但缺少有能力觉察到心理现实的主体)中发展出来的。而温尼科特认为,克莱因赋予偏执—分裂心位的这种幻想形式(采用象征性等同作为象征模式的幻想形式),总是意味着三元关系的崩解。在三元关系的发展过程中,由于母—婴关系中不可避免并且是必要的破裂,崩解是不可避免的。这使得婴儿采取偏执—分裂模式来建心理防御。只有当母—婴关系的破裂(导致三元关系的破裂)是极端的,或是长期持续存在的情况下,才会导致病理性的发展。

共情与投射性认同

关于辩证过程和象征化能力发展的上述讨论,为我们更好地理解投射性认同的一些方面及其与共情的关系提供了背景。

共情是一个心理过程(也是一种客体关系形式),它发生在他人存在与不存在之间的辩证关系的背景中。在这个背景中(温尼科特会说,"在潜在空间里"),一个人把玩着成为他人的观念,同时又知道自己不是他人。他可以先尝试某种尺度的认同,然后再换成另一种(即以不同方式把玩"成为这个他人"的感受),因为辩证关系的另一端的存在,减少了被困在他人里面甚至最终失去自己的危险,而另一方面,投射性认同可以被理解为,是发生在他人的存在与不存在的辩证关系之外,也即潜在空间之外的一种心灵内—人际过程(一种防御、交流和客体关系形式)。

我们可以把投射性认同理解为,涉及以下部分或"阶段"(Ogden,1979,1982a):(1)一种潜意识的投射性幻想,将自身的一部分存放在他人那里;(2)对他人施加人际间压力,使之以与这个潜意识投射的幻想相一致的方式,来体验自己,并行动;(3)"接收者"处理自己被引出的感受之后,投射者(通过内摄或认同)再内化,自己之前(在幻想中)驱逐出去的这部分的一个修订过的版本。

从人际的角度看,投射性认同是游戏的反面;它强制性地征用他人,以在投射者外化的潜意识幻想中扮演一个角色。这个过程对接收者的影响,是威胁到他将自己的主观状态体验为心理现实的能力。相反,他将觉知体验为,和个人建构相对的"现实"。这个过程反映了,接收者生成和理解象征意义的心理辩证过程受到了局限。在投射性认同中,无论是投射者还是接收者,都不能灵活地体验一系列个人意义。相反,这里有一种强有力的无可避免感。任何一方都无法设想,自己或对方可以和现在有所不同,或者体验不那么强烈(Ogden,1981)。

治疗师"处理"投射性认同的过程可以被理解为,治疗师对心理辩证过程的重建,从而使得治疗师被引出的情感状态,能够被一个解释性主体所体验、思考和理解。这个辩证过程同时具有心灵内和人际的维度,也就是说,同时涉及主体性和主体间性。这个过程生成的意义集合为治疗师提供了材料,使得治疗师可以发展出对移情的理解,而不是感觉被迫要采取行动、否认或接受当下对自己和病人体验的无可避免感。

      我被请去为一位被诊断为边缘性的病人提供咨询。她在一次试图自杀之后,于几天前被收容住院。一位负责看护这位病人的男性护理人员告诉我,病人极具竞争性(competitive),以至于几乎不可能让她参与任何病房活动。前一天晚上,他看到病人手边有一叠牌,于是问她是否想玩牌。病人同意了,但她马上开始劈头盖脸地批评护士洗牌和发牌的方式。这位护士告诉我,他对病人解释说,他无意进入和她的搏斗,如果她想要玩牌,可以告诉他,他很愿意和她玩。然后他就离开了,而病人之后再也没有去找他。

当我邀请病人来做咨询时,她说,她和我谈话很紧张。我问她为什么,她说害怕自己做不好。我问她害怕在哪方面搞砸,她说担心自己不够诚实——这不是说她会对我撒谎,而是她可能会令我对她留下错误的印象。在访谈过程中,她告诉我关于自己的一些事情,我后来从她的治疗师那里得知,所有这些都是他提供给她的解释。我们的访谈有种例行公事的感觉,就像病人和医生的谈话。我们双方都几乎没有任何发现、惊奇、幽默或原创的感觉。我没办法松动这种意识,即我们是在医院里,我是正在和病人访谈的精神科医生。于是,看起来似乎没有任何自发性可以在我们之间发生。病人"塞"给我一些她认为我想要的见解,但她并没有在这个过程中被夺走任何东西,因为这些见解不是她的,她也不看重这些见解。这些是另一位医生给她的医院财产,她仅仅是把它们转交给了我。

我们之间还有一些别的事情发生,在访谈中我只是有些模糊的觉察,但在访谈结束之后马上变得清晰起来。当我离开这位病人,我迫切感到需要找人谈谈。并不需要是某个特定的人,或谈特定的话题,只是想要找人谈谈,这个需要是明确无误的。我需要一些时间才能开始意识到,我和这名病人谈话时所体验到的那种孤独感。

当我思考着和这名病人的访谈,她在前一晚对待男护士的行为变得更有意义。她嘲弄他玩牌的方式,不是为了击败他,而是为了对他和对自己隐藏她不知道怎么玩这个事实。当然,她知道游戏规则,但她不能进入一种可以让游戏在其中发生的心灵结构。类似地,她在和我访谈的一开始就警告我,我们的谈话可能看起来会像无意义的交流,但它不是。(我是指她关于可能会给我留下错误印象的焦虑。)看起来像是对她进行探索的事情,事实上只是对她治疗师的观念的陈腐的重复。她对男护士和对我最重要的交流是,请求我们理解,她由于不能游戏而感到强烈的隔绝感。她的交流不是通过语言,而是通过在我身上引出孤独感。这就是温尼科特所说的"直接交流"(1971d, p. 54),而我会把这理解为一种投射性认同。当病人无法生成游戏所需的那种心理状态时,除了通过投射性认同才有可能实现的这种直接联结以外,她将和他人隔绝。"只有在游戏中,交流才成为可能,当然,属于心理病理或者极度不成熟的直接交流形式除外"(Winnicott, 1971d, p. 54)。

结论

　　我已在本章中提出，可以将温尼科特的潜在空间概念理解为一种心理状态，这种心理状态是基于幻想与现实、我与非我、象征符号与象征所指等配对之间的一系列辩证关系，在这些辩证关系中，每一极都创造、宣告和否定了另一极。这个辩证过程是通过从母—婴单元作为"不可见的一体"，发展到（作为象征性客体的）母亲和婴儿以及（作为解释性主体的）婴儿之间的具有主体性的三元体而达成的。创造或维持辩证过程的失败，导致了一些特定形式的心理病理，包括将幻想客体体验为物自身，防御性地使用现实来阻止想象与恋物客体的关系，以及"无体验"状态。"处理"投射性认同的过程，被理解为接收者试图对维持（例如，我和非我之间的）辩证过程的能力进行重建。此前，在接收者潜意识地参与投射者外化的潜意识幻想的过程中，这个辩证过程受到了局限。

第九章 梦空间与分析空间

在本章中，我将探讨梦空间和分析空间这两种形式的潜在空间的一些方面。做梦被理解为一种内部交流，其中自体的一部分生成了梦象（dream presentation），而自体的另一部分则对此进行理解。作为物自身的梦象，被自体的另一部分引入一个辩证过程，并在此生成了象征意义和梦体验（dream experience）。精神分裂症患者，在不能够维持心理辩证过程的情况下，会将梦象转化为幻觉。

分析空间被看作一种主体间状态，由病人和治疗师共同生成，意义可以在其中被把玩、思考和理解。病人的投射性认同是一种"直接"的交流形式，会破坏治疗师维持心理辩证过程的能力。当治疗师的干预构成了"对事实的陈述"时，他就破坏了分析空间。"对事实的陈述"会导致对个人意义和体验领域的阻止。

梦空间

在温尼科特引入关于潜在空间的著作的时候，精神分析已经发展出了相当完整的关于梦的结构和象征的知识，但对于做梦（dreaming）的理解还很不完整。在本章中，我将提出梦象必须在"梦空间"中经历转化，做梦这件事才能发生。这是对温尼科特理论中关于幻想与想象之间的区分的延伸：幻想是静态的解离性过程，它与生活、做梦保持隔离（1971b，p. 27）。想象则是幻想被带入潜在空间，即"一个使之（幻想）能够被意识到的空间"（1971b，p. 27 fn.）之后，经历转化的结果。在这个空间（潜在空间）存在之前，幻想中的客体是静态的物自身，缺乏与之相应的象征意义，除了它自身之外，不代表任何东西，例如，在幻想中，"一只狗是一只狗是一只狗"（1971b，p. 33）。

在这里，我将梦看作一种内部交流，它涉及初级过程建构，由自体的一部分生成，并需要来自自体另一部分的觉知、理解和体验。这个初级过程建构，构造了作为内部感官事件的梦象。在尝试去理解梦象的那个自体部分看来，梦象最初构成了物自身，

就像其他任何被记录到的感官材料(包括来自他人的交流)一样。原始感官材料必须 235
经历某种形式的心理转化,才能发生做梦这件事。

Grotstein(1979b)在梦象和做梦之间做了类似的区分,他把做梦的梦者(the dreamer-who-dreams-the-dream)和理解梦的梦者(the dreamer-who-understands-the-dream)进行了区分。做梦的梦者创造了初级过程表达;而理解梦的梦者是象征意义的解释者和创造者。Sandler(1976)将"梦工作"(思维的初级过程模式)和潜意识的"理解工作"(更高阶的象征功能)区分开来。Sandler指出,如果没有人的另一部分对梦中伪装的愿望进行理解,梦工作就不会有任何意义。

做梦涉及这样一种能力,即,将在原始思维过程中静态共存的对立面,转化成对立面之间的辩证关系,从而可以生成意义和梦体验①。在(产生梦象的)原始思维过程中,不存在否定;潜在矛盾对立的每一极都独立于另一极而存在。对立面在潜意识中静态共存的概念,直接来自于弗洛伊德(1915b)的观察——潜意识中不存在否定。在对立面静态共存的情况下,(即在潜意识的表达物在意识化过程中变得高度贯注之 236
前,)意义无法被生成,因为赋予意义需要差异,也即此观念和非此观念之间的动态关系。在完全均匀的场中,不可能存在意义,因为除非出现不是这个场的其他东西作为对照,在此之前整个场是不可见的。②

做梦是将梦象带入辩证过程从而创造出梦体验,也就是从之前静态共存的零星资料中创造出有意义的体验。将梦象带入辩证过程,涉及一种转化,即将梦象转化为可以被解释性自体理解的象征符号。象征化唯有在辩证过程的背景中才能出现,同时反过来说,生成象征意义的过程显示了辩证过程的存在(尽管辩证过程存在的体现,不仅限于生成象征意义的过程)。

在辩证过程缺失(从而也缺失了象征化能力)的情况下,梦象不是在做梦的过程中被转化为一组象征意义,而是被转化为幻觉。精神分裂症患者在无法维持心理辩证过程的情况下,也就不具有做梦(创造出梦体验)的能力。精神分裂症患者并不像通常认为的那样没有梦,而是梦象被转化为幻觉,这种幻觉和醒时的幻觉体验在主观上可以 237

---

① Pontalis(1972)认为,分析师错误地将他们关于梦的理论构想,限定在梦作为象征意义的传递者的价值上,而忽略了"梦体验"的核心,即"做梦的梦者的主观体验;以及在治疗中,当梦被带给治疗师时产生的主体间体验:既提供但又有所保留,言说着而又保持沉默"(p. 23)。

② 萨特(Sartre, 1943)提出了类似的观点,他说在"自在状态"(being-in-itself)的外围,必须存在一抹否定(虚无),才能使反思性的意识["自为状态"(being-for-itself)]产生出来。

互换,因此不会被精神分裂症患者当作独特的心理事件而留意到。

> 一位患慢性精神分裂症的住院病人,已经和我进行了好几年一周五次的心理治疗。他告诉我,他的室友半夜起来,在浴缸里淹溺了他,将他的头按在水下直到他死亡。护士之前告诉我,病人睡了整夜,因此我问病人,这是否是他的梦。他对我的问题感到惊讶,并且看起来很困惑。

对这位病人来说,梦体验和醒时的体验是如此轻易地可以互换,以至于他还活着并正在与我谈话这个事实,对他来说,丝毫也不比我觉得是梦的那部分更为真实。对他来说,同样也有可能,他现在的体验是幻觉,而他梦中的体验是真实的。即便是在这个例子中,我们有理由相信,存在对梦象一定程度的象征加工。这位精神分裂症病人创造出了一个心理事件,不仅可以被他留意和记住,而且他会向我讲述,这个事实说明,存在对梦象一定程度的加工。这位病人将梦象转化为幻觉的形式,而不是象征的形式。〔尽管我猜想这位病人呈现出来的幻觉在一开始看起来像是梦象,但同样有可能,病人体验到被淹溺是对某些现实事件的幻觉性阐述,甚至也有可能就是当下的幻觉(幻觉记忆)〕。

238　　对神经症病人来说,在他将梦象(物自身)置于象征性转化中的那一刻,做梦这件事就发生了。在象征转化发生的时刻,梦被"梦"出来(被作为梦象创造出来),这个时刻可能是在睡眠中获得潜意识理解的那一刻(尽管这个理解,只有在后来的清醒状态中,才能被作为一个元素来体验),或者发生在醒来的时刻,又或者是在分析小节中梦被"想起来"的时刻。

分析空间

分析空间(Analytic space)可以被看作是病人和分析师之间的空间,在其中,分析体验(包括移情幻象)得以生成,个人意义得以被创造和把玩。这是一个潜在空间,我们决不能把它的存在视作理所当然。

> 心理治疗是在两个游戏区域——病人的和治疗师的——之间的重叠处进行的。如果治疗师不能游戏,那他不适合这份工作。如果病人不能游戏,那就需要做

一些事情，使他变得能够游戏，然后心理治疗才能开始。（Winnicott，1971e，p. 54）

（讨论与不能游戏的病人进行工作的困难，超出了本文的范围。我们现在要讨论的是，与那些能够参与创造与破坏分析空间的病人的工作。）

在分析空间内，幻想和现实处在与彼此之间的辩证关系中。产生成熟移情（相对 239
于妄想性移情）的能力涉及，有能力生成一种幻象，它同时被体验为真实和不真实。如果移情体验变得太真实（也就是辩证关系在幻想端坍塌了），就产生了妄想性移情。如果现实（防御性地）变得太过突出，那么强迫性的理智化和具体操作思维（Marty ﹠ M'Uzan，1963；McDougall，1984b）就会处于主导地位。

病人对投射性认同的使用，可以被看作分析空间的坍塌，从而威胁到治疗师维持某种心理状态的能力，这种心理状态使他能够将自己的感受和想法理解为一种象征建构，而不是事实的记录（Ogden，1982b）。温尼科特（1971e）将投射性认同看作"直接交流"。在这里说"直接"，意思是通过直接在另一个人身上引出某种感受状态，而主要不是（通常完全不是）通过语言符号来交流。当病人严重依赖投射性认同作为交流、防御以及与客体关联的模式时，治疗师会感到，在与自己和与病人的关系中，自己被锁在一个固定的地方，或者一系列固着的情感状态中。在这里，对自己的感受状态有着如此强烈的无可避免感，以至于这种感受状态并不被体验为一种主观状态，而是被看作"现实"。

和边缘以及精神分裂症病人工作的治疗师必须接受，在一定程度上，不知不觉中参与病人潜意识的客体世界，把这作为通向理解移情的必经之路（Ogden，1979，1981）。当治疗师允许自己以这种方式被使用，那么他就在一定程度上不再作为一个独立的人去倾听另一个人。他成了被病人"驱逐"出去的那个部分。但这个部分依然 240
是病人的一部分，于是，现在病人的心理边界把治疗师也包括进去了。治疗师通过以这种方式将自己提供给病人，放弃了属于自己的、我与非我之间的辩证过程，而在一定程度上变成了病人，虽然他知道自己不是病人，但这并不会改变他在一定程度上变成了病人这件事。

当治疗师承担起作为病人投射性认同的对象时，对于正在发生的事情，治疗师常常感到被驱使必须要"做点什么"，而不是尝试去理解自己当下的体验。当治疗师以这种方式感到被驱使必须要采取行动时，常常会造成治疗空间——即那个在其中可以对意义进行理解而不是驱逐的空间——已经发生的坍塌进一步恶化。

并不是只有在面临病人的投射性认同这一种情况中,治疗师会加剧分析空间的坍塌。分析性治疗是在意义界展开的,在由自体(作为自己使用的象征符号的解释者)居中调停的、位于象征符号和象征所指之间的空间里进行的。边缘病人的特点是在行动界(以物自身的方式)运作;抑郁病人用自我惩罚作为一种行动方式来释放(潜在的)内疚,从而避免体验到内疚(Loewald,1979);恋物癖将潜在体验冻结在能够激起和替代自己与另一个人一起活着的体验的物品(恋物的对象)中:"他(恋物癖)偷走了自己的梦"(Pontalis,1972,p. 33)。

例如,许多边缘病人不能在意识中悬置,对这样一个事实的即刻觉察:分析师"只是个想要挣钱的人",病人只不过是他的顾客。而对能够和分析师一起创造出分析空间的病人来说,分析师需要对自己的工作收费这个事实,可以被把玩,比如,用作生成移情幻象的材料。把玩这个觉知的形式之一是(例如,在母亲般的移情的支配下),创造出这样一种移情幻象:不论病人是否付费,分析师都会继续见病人。病人可能还会进一步想象,也许当自己受伤了无法工作没有钱的时候,分析师还会继续见他。在潜在空间里,这种对观念的把玩构成了想象。当"如果我不付钱会发生什么"这个问题必须被回答时,潜在空间就坍塌了。在这种情况下,病人可能会持续数月不付咨询费,迫使治疗师具体地回答病人的这个问题。在这个例子中,想象(对观念和感受的把玩)退化为幻想在现实中的行动化(对一组被当作事实的观念和感受的行动化)。这类似于儿童治疗中游戏的中断:由于病人的焦虑,游戏得以在其中发生的主体间空间被现实中的空间所替代,在这个现实中的空间里,危险需要被管理和采取行动。

治疗师有责任通过管理治疗设置和通过作解释,来为病人提供条件,使之敢于以自己能够体验和游戏的形式来创造个人意义。治疗师与边缘病人的工作,始终都在试图"撬开"象征符号和象征所指之间的空间,从而创造出一个意义得以在其中存在的场域,在这个场域中,一个事物可以以能够被思考和理解的方式来代表另一个事物。而在象征符号无法和象征所指区分开来的情况下,每个表征仅仅代表自身,因此,没有什么是可以被理解的:每个觉知到的内容都是其所是,并且这也就是它的全部了。

在缺乏培训或强烈反移情感受的压力下,治疗师可能停止对病人创造出来的象征意义进行解释,而是作出构成物自身的干预,也就是"对事实的陈述"。这类干预的例子包括:"我同意这次你把事情搞砸了。""如果他们不付钱,你就不要再干活了。""随着时间过去你会感觉好起来的。"(当然,总是有些时候或有些场合需要建议、劝告和保证。我在这里指的是,持续采用这种形式的交流和关系模式所导致的问题。)在这些干预中,在象征符号和象征所指之间,几乎没有什么空间,可以用于对意义进行理解。当治疗师经常以这种方式干预时,病人在很大程度上被排除在意义界之外,于是很可能会报以见诸行动。

关于采用陈述"事实"而不是探究病人建构个人象征意义的模式的干预方式,会导致对分析空间的侵蚀,下面是一些不那么明显的例子。

当面对一位在儿时常常感到被置于不能辜负父母"多变而不可能做到的期望"的压力之下的病人时,治疗师对病人说:"你总是不确定标准是什么,怎样才能过关。"

这位治疗师的干预,陈述了病人心理现实的一部分,也就是病人看待自己和父母的一种方式。然而,这个干预将这种心理现实(病人对作为孩子的自己的看法)表述为事实,而不是个人象征化的建构,而病人之所以生成和维持这种建构,是有理由的——这是病人创造出来的意义,而不是被治疗师发现的事实。这个干预微妙地支持了病人的防御,其中包括他将自己看作是外部力量(包括父母、老师、学校管理人员、治疗师等,这些人无一例外都反复无常)的受害者。我们可以换一种方式来组织这个干预,比如,"听起来你感觉父母的标准一直在变,以至于你不知道怎样才能令他们满意。你也说过,直到现在你还是常有这样的体验"。 *243*

在提供起源学上的澄清和解释时,很重要的是,不要把病人对自己过去经验的象征建构和象征所指,也就是他的过往经验本身,当作是同一的。重要的是,病人以何种方式对过去建构属于自己的象征性表征。过去已然不存在,而且是绝对不可恢复的。病人在当下创造了自己的历史,也就是说,病人创造出象征符号,来表征他对自己过去的构想。精神分析的任务之一,是理解病人之所以采取现在这种方式来对过去进行象征化表征的原因。(Schafer, 1975,参见关于病人的历史的理论构想,他认为病人的历史是不断演化的建构,而不是静态的、可被发现的实体。)

"你没有意识到,在你的职业中,在你和我的工作中,你是多么地自我挫败。"我们可以换一种说法:"我想你很害怕这样想:是你自己,在自己的职业和在与我的工作中,致力于挫败自己。"在第一个说法中,治疗师知道病人已经表现出自我挫败,他告诉病人,病人没有看到这一事实。而在第二个版本中,治疗师说,他感 *244*

觉,病人(出于可以被理解的原因)对于以一种特定的方式解释(象征化)自己的行为,感到害怕。

第三个例子:

　　一位女病人告诉治疗师,自己爱他,对他有性幻想,希望和他发生性关系。在之后的那个小节中,她感觉恶心但不知道为什么。治疗师回应说:"我和你没有性关系,让你为自己希望有这样的关系而感到恶心。"治疗师可以换一种说法:"我想,你大概把我没有和你涉入浪漫性关系,视为我认为你不该有这个愿望的证据,并为自己有这个愿望而感到恶心。"在第一个版本中,治疗师告诉病人,她因为治疗师的某种行为(他没有和她涉入浪漫性关系)而感到恶心,这有可能被理解为,她的反应具有不可避免性①:单方面的浪漫性愿望令人感到恶心。而在第二个版本中,重点不在于因果关系(一件事不可避免地导致了另一件事),而在于病人对发生的事情的意义的解释。

分析空间是由病人和治疗师共同创造的一种心理框架,在其中多重意义可以被持有和把玩。一个想法并不"导致"另一想法,或是对另一想法有直接影响。主体通过作解释的行为来调停各种意义,并在多个象征符号之间创造出关系。每种个人意义都会影响主体建构自己的象征符号,以及自己与这些符号之间建立关系的方式,并进而影响他在解释自己经验之后的后续行动。这在诠释学上等同于物理科学中的因果关系。当分析空间坍塌时,病人将会被囚禁在与难以理解的不可避免感联结在一起的符号的限制中。

---

① 治疗师需要松动,病人对意义的不可避免性所持有的强烈信念。例如,被分析者通常会认为,一个女人会为"发胖"而感到恶心,或者一个男人为阴茎"太小"而感到羞耻,这些都是不言而喻的。病人对于将这些观念看作自己出于一些可以理解的原因而建构的个人信念,具有相当明显的阻抗。

参考文献

Abraham, K. (1924). A short study of the development of the libido, viewed in the light of mental disorders. In *Selected Papers on Psycho-Analysis*, pp. 418 – 507. London: Hogarth Press, 1927.

Balint, M. (1968). *The Basic Fault*. London: Tavistock.

Bettelheim, B. (1983). *Freud and Man's Soul*. New York: Knopf.

Bibring, E. (1947). The so-called English school of psycho-analysis. *Psycho analytic Quarterly* 16: 69 – 93.

Bick, E. (1968). The experience of the skin in early object relations. *International Journal of Psycho-Analysis* 49: 484 – 486.

Bion, W.R. (1950). The imaginary twin. In *Second Thoughts*, pp. 3 – 22. New York: Jason Aronson, 1967.

——(1952). Group dynamics: a review. In *Experiences in Groups*, pp. 141 – 192. New York: Basic Books, 1959.

——(1956). Development of schizophrenic thought. In *Second Thoughts*, pp. 36 – 42. New York: Jason Aronson, 1967.

——(1957). Differentiation of the psychotic from the nonpsychotic personalities. In *Second Thoughts*, pp. 43 – 64. New York: Jason Aronson, 1967.

——(1959). Attacks on linking. *International Journal of Psycho-Analysis* 40: 308 – 315.

——(1962a). *Learning from Experience*. New York: Basic Books.

——(1962b). A theory of thinking. In *Second Thoughts*, pp. 110 – 119. New York: Jason Aronson, 1967.

——(1963). *Elements of Psycho-Analysis.* In *Seven Servants*. New York: Jason Aronson, 1977.

——(1967). *Second Thoughts*. New York: Jason Aronson.

Borges, J. L. (1956a). The immortal. In *Labyrinths*, pp. 105 – 119. New York: New Directions Books, 1964.

——(1956b). Tlön, Uqbar, Orbis, Tertius. In *Labyrinths*, pp. 3 – 18. New York: New Directions Books, 1964.

Bornstein, M. (1975). Qualities of color vision in infancy. *Journal of Experimental Child Psychology* 19: 401 – 419.

Bower, T. G. R. (1971). The object in the world of the infant. *Scientific American* 225: 30 - 48.

——(1977). *The Perceptual World of the Child.* Cambridge: Harvard University Press.

Bowlby, J. (1969). *Attachment and Loss.* Vol. 1. New York: Basic Books.

Boyer, L. B. (1967). Historical development of psychoanalytic psychotherapy of the schizophrenias: the followers of Freud. In *Psychoanalytic Treatment of Schizophrenic, Borderline, and Characterological Disorders,* L. B. Boyer and P. L. Giovacchini, pp. 71 - 128. New York: Jason Aronson.

——(1983). *The Regressed Patient.* New York: Jason Aronson.

Boyer, L. B., and Giovacchini, P. L. (1967). *Psychoanalytic Treatment of Schizophrenic, Borderline and Characterological Disorders.* New York: Jason Aronson.

Brazelton, T. B. (1981). *On Becoming a Family: The Growth of Attachment.* New York: Delta/Seymour Lawrence.

Brazelton, T. B., and Als, H. (1979). Four early stages in the development of the mother-infant interaction. *Psychoanalytic Study of the Child* 34: 349 - 369.

Chomsky, N. (1957). *Syntactic Structures.* The Hague: Mouton.

——(1968). *Language and Mind.* New York: Harcourt, Brace and World.

Eimas, P. (1975). Speech perception in early infancy. In *Infant Perception: From Sensation to Cognition.* Vol. 2, ed, L. B. Cohen and P. Salapatek, pp. 193 - 228. New York: Academic Press.

Eliade, M. (1963). *Myth and Reality.* New York: Harper & Row.

Erikson, E. (1950). *Childhood and Society.* New York: Norton.

Fain, M. (1971). Prélude à la vie fantasmatique. *Revue Francaise Psychanalyse* 35: 291 - 364.

Fairbairn, W. R. D. (1940). Schizoid factors in the personality. In *Psychoanalytic Studies of the Personality,* pp. 3 - 27. London: Routledge and Kegan Paul, 1952.

——(1941). A revised psychopathology of the psychoses and psychoneuroses. In *Psychoanalytic Studies of the Personality,* pp. 28 - 58. London: Routledge and Kegan Paul, 1952.

——(1944). Endopsychic structure considered in terms of object-relationships. In *Psychoanalytic Studies of the Personality,* pp. 82 - 136. London: Routledge and Kegan Paul, 1952.

——(1946). Object-relationships and dynamic structures. In *Psychoanalytic Studies of the Personality,* pp. 137 - 151. London: Routledge and Kegan Paul, 1952.

——(1958). On the nature and aims of the psycho-analytical treatment. *International Journal of Psycho-Analysis* 39: 374 - 385.

Freud, A. (1965). *Normality and Pathology in Childhood: Assessments of Development.*

New York: International Universities Press.

Freud, S. (1894). The neuro-psychoses of defence. *S. E.* 3.

——(1895). Project for a scientific psychology. *S. E.* 1.

——(1896a). Further remarks on the neuropsychoses of defence. *S. E.* 3.

——(1896b). Letter to Fliess, December 6, 1896. In *Origins of Psycho-Analysis,* ed. M. Bonaparte, A. Freud, E. Kris, pp. 173 – 181. New York: Basic Books, 1954.

——(1900). *The Interpretation of Dreams. S. E.* 4/5.

——(1905). *Three Essays on the Theory of Sexuality. S. E.* 7.

——(1911). Formulations on the two Principles of Mental Functioning. *S. E.* 12.

——(1911 – 1915). Papers on Technique. *S. E.* 12.

——(1914). On Narcissism: An Introduction. *S. E.* 14.

——(1915a). Instincts and Their Vicissitudes. *S. E.* 14.

——(1915b). The Unconscious. *S. E.* 14.

——(1916 – 1917). Introductory Lectures on Psycho-analysis, XXIII. *S. E.* 15/16.

——(1917). Mourning and Melancholia. *S. E.* 14.

——(1918). From the History of An Infantile Neurosis. *S. E.* 17.

——(1920). *Beyond the Pleasure Principle. S. E.* 18.

——(1923). *The Ego and the Id. S. E.* 19.

——(1926). The Question of Lay Analysis. *S. E.* 20.

——(1927). Fetishism. *S. E.* 21.

——(1932). New Introductory Lectures XXXI: the Dissection of the Psychical Personality. *S. E.* 22.

——(1940a). *An Outline of Psycho-Analysis. S. E.* 23.

——(1940b). Splitting of the Ego in the Process of Defence. *S. E.* 23.

Glover, E. (1945). Examination of the Klein System of Child Psychology. *Psychoanalytic Study of the Child* 1: 75 – 118.

——(1968). *The Birth of the Ego.* New York: International Universities Press.

Green, A. (1975). The Analyst, Symbolization, and Absence in the Analytic Setting. (On Changes in Analytic Practice and Analytic Experience). *International Journal of Psycho-Analysis* 56: 1 – 22.

Greenberg, J., and Mitchell, S. (1983). *Object Relations in Psychoanalytic Theory.* Cambridge: Harvard University Press.

Groddeck, G. (1923). *The Book of the It.* New York: Vintage Books, 1949.

Grotstein, J. (1978). Inner Space: Its Dimensions and Its Coordinates. *International Journal of Psycho-Analysis* 59: 55 – 61.

——(1979a). Demoniacal Possession, Splitting and the Torment of Joy. *Contemporary Psychoanalysis* 15: 407 – 445.

——(1979b). Who is the Dreamer Who Dreams the Dream and Who is the Dreamer Who Understands it. *Contemporary Psychoanalysis* 15: 110 – 169.

——(1980a). The Significance of Kleinian Contributions to Psychoanalysis. I. Kleinian Instinct theory. *International Journal of Psychoanalytic Psychotherapy* 8: 375 – 392.

——(1980b). The Significance of Kleinian Contributions to Psychoanalysis. II. Freudian and Kleinian conceptions of Early Mental Development. *International Journal of Psychoanalytic Psychotherapy* 8: 393 – 428.

——(1981). *Splitting and Projective Identification.* New York: Jason Aronson.

——(1983). The Dual Track Theorem. Unpublished manuscript.

——(1985). A Proposed Revision for the Psychoanalytic Concept of the Death Instinct. *Yearbook of Psychoanalysis and Psychotherapy.* Vol. 1, pp. 299 – 326. Hillsdale, NJ: New Concept Press.

Habermas, J. (1968). *Knowledge and Human Interests.* Trans. J. Shapiro. Boston: Beacon Press, 1971.

Hartmann, H. (1964). *Essays on Ego Psychology.* New York: International Universities Press.

Hegel, G. W. F. (1807). *Phenomenology of Spirit.* Trans. A. V. Miller. London: Oxford University Press, 1977.

Isaacs, S. (1952). The Nature and Function of Phantasy. In *Developments in Psycho-Analysis,* M. Klein, P. Heimann, S. Isaacs, J. Riviere, pp. 67 – 121. London: Hogarth Press.

Jacobson, E. (1964). *The Self and the Object World.* New York: International Universities Press.

Jacoby, R. (1983). *The Repression of Psychoanalysis: Otto Fenichel and the Political Freudians.* New York: Basic Books.

Kernberg, O . (1970). A Psychoanalytic Classification of Character Pathology. *Journal of the American Psychoanalytic Association* 18: 800 – 822.

Khan, M. M. R. (1963). The Concept of Cumulative Trauma. *Psychoanalytic Study of the Child* 18: 286 – 306.

——(1972). The Use and Abuse of Dream in Psychic Experience. In *The Privacy of the Self,* pp. 306 – 315. New York: International Universities Press, 1974.

——(1979). *Alienation in Perversions.* New York: International Universities Press.

Klein, M. (1928). Early Stages of the Oedipus Conflict. In *Contributions to Psycho-Analysis, 1921 – 1945,* pp. 202 – 214. London: Hogarth Press, 1968.

——(1930). The Importance of Symbol-formation in the Development of the Ego. In *Contributions to Psycho-Analysis, 1921 – 1945,* pp. 236 – 250. London: Hogarth Press, 1968.

——(1932a). The Effect of Early Anxiety Situations on the Sexual Development of the girl. In *The Psycho-Analysis of Children,* pp. 268 – 325. New York: Humanities Press, 1969.

——(1932b). *The Psycho-Analysis of Children.* New York: Humanities Press, 1969.

——(1935). A Contribution to the Psychogenesis of Manic-depressive States. In *Contributions to Psycho-Analysis, 1921 – 1945*, pp. 282 – 311. London: Hogarth Press, 1968.

——(1940). Mourning and Its Relation to Manic-depressive states. In *Contributions to Psycho-Analysis, 1921 – 1945*, pp. 311 – 338. London: Hogarth Press, 1968.

——(1945). The Oedipus Complex in the Light of Early Anxieties. In *Contributions to Psycho-Analysis, 1921 – 1945*, pp. 339 – 390. London: Hogarth Press, 1968.

——(1946). Notes on Some Schizoid Mechanisms. In *Envy and Gratitude and Other Works, 1946 – 1963*, pp. 1 – 24. New York: Delacorte, 1975.

——(1948). On the Theory of Anxiety and Guilt. In *Envy and Gratitude and Other Works, 1946 – 1963*, pp. 25 – 42. New York: Delacorte, 1975.

——(1952a). Mutual Influences in the Development of Ego and Id. In *Envy and Gratitude and Other Works, 1946 – 1963*, pp. 57 – 60. New York: Delacorte, 1975.

——(1952b). On Observing the Behaviour of Young Infants. In *Envy and Gratitude and Other Works, 1946 – 1963*, pp. 94 – 121. New York: Delacorte, 1975.

——(1952c). Some Theoretical Conclusions Regarding the Emotional Life of the Infant. In *Envy and Gratitude and Other Works, 1946 – 1963*, pp. 61 – 93. New York: Delacorte, 1975.

——(1955). On Identification. In *Envy and Gratitude and Other Works, 1946 – 1963*, pp. 141 – 175. New York: Delacorte, 1975.

——(1957). Envy and Gratitude. In *Envy and Gratitude and Other Works, 1946 – 1963*. New York: Delacorte, 1975.

——(1958). On the Development of Mental Functioning. In *Envy and Gratitude and Other Works, 1946 – 1963*, pp. 236 – 246. New York: Delacorte, 1975.

——(1961). *Narrative of a Child Analysis*. New York: Delacorte, 1975.

——(1963a). On the Sense of Loneliness. In *Envy and Gratitude and Other Works, 1946 – 1963*, pp. 300 – 313. New York: Delacorte, 1975.

——(1963b). Some Reflections on *The Oresteia*. In *Envy and Gratitude and Other Works, 1946 – 1963*, pp. 275 – 299. New York: Delacorte, 1975.

——(1975). *Envy and Gratitude and Other Works, 1946 – 1963*. New York: Delacorte.

Klein, M., Heimann, P., Isaacs, S., Rivière, J. (1952). *Developments in Psycho-Analysis*. London: Hogarth Press.

Kojève, A. (1934 – 1935). *Introduction to the Reading of Hegel*. Trans. J. H. Nichols, Jr. Ithaca, NY: Cornell University Press, 1969.

Lacan, J. (1949 – 1960). *Écrits*. Trans. A. Sheridan. New York: W. W. Norton, 1977.

——(1956a). The Freudian Thing or the Meaning of the Return to Freud in Psychoanalysis. In *Écrits*, pp. 114 – 145. New York: W. W. Norton, 1977.

——(1956b). The Function and Field of Speech and Language in Psychoanalysis. In *Écrits*, pp. 30– 113. New York: W. W. Norton, 1977.

——(1957). On a Question Preliminary to Any Possible Treatment of Psychosis. In *Écrits*, pp. 179- 225. New York: W. W. Norton, 1977.

——(1961). The Direction of the Analysis and the Principles of Its Power. In *Écrits*, pp. 226 -
280. New York: W. W. Norton, 1977.

Laing, R. D. (1959). *The Divided Self*. Baltimore: Pelican, 1965.

Langs, R. (1976). *The Bipersonal Field*. New York: Jason Aronson.

Lemaire, A. (1970). *Jacques Lacan*. Boston: Routledge and Kegan Paul.

Lewin, B. (1950). *The Psychoanalysis of Elation*. New York: Psychoanalytic Quarterly.

Little, M. (1958). On Delusional Transference (Transference psychosis). *International
Journal of Psycho-Analysis* 39: 134 - 138.

Loewald, H. (1979). The Waning of the Oedipus Complex. In *Papers on Psychoanalysis*,
pp. 384- 404. New Haven: Yale University Press, 1980.

Lorenz, K. (1937). *Studies in Animal and Human Behaviour*. Vol. 1. Trans. R. Martin.
London: Methuen.

Mackay, N. (1981). Melanie Klein's Metapsychology: Phenomenological and Mechanistic
perspectives. *International Journal of Psycho-Analysis* 62: 187 - 198.

Mahler, M. (1968). *On Human Symbiosis and the Vicissitudes of Individuation*. Vol. 1. New
York: International Universities Press.

Malin, A., and Grotstein, J. (1966). Projective Identification in the Therapeutic Process.
International Journal of Psycho-Analysis 47: 26 - 31.

Marty, P., and M'Uzan, M. de (1963). La pensée operatoire. *Revue Fransaise Psychoanalyse*
27: 345 - 356.

McDougall, J. (1974). The Psychosoma and the Psycho-Analytic Process. *International
Review of Psycho-Analysis* 1: 437 - 459.

——(1984a). On Psychosomatic Vulnerability. *International Journal of Psychiatry in
Medicine* 14: 123 - 131.

——(1984b). The Disaffected Patient: Reflections on Affect pathology. *Psychoanalytic
Quarterly* 53: 386 - 409.

Meltzer, D. (1975). The Psychology of Autistic States and of Post-autistic Mentality. In
Explorations in Autism, ed. D. Meltzer, J. Bremner, S. Hoxter, D. Weddell, I.
Wittenberg, pp. 6 - 29. London: Clunie Press.

Nemiah, J. (1977). Alexithymia: Theoretical Considerations. *Psychotherapy and
Psychosomatics* 28: 199 - 206.

Nichols, J. (1960). Translator's Note. In *Introduction to the Reading of Hegel*. Trans. A.
Kojève. Ithaca, NY: Cornell University Press, 1969.

Ogden, T. (1974). A Psychoanalytic Psychotherapy of A Patient with Cerebral Palsy: the
Relationship of Aggression to Self and Body Representations. *International Journal of
Psychoanalytic Psychotherapy* 3: 419 - 433.

——(1976). Psychological Unevenness in the Academically Successful Student. *International Journal of Psychoanalytic Psychotherapy* 5: 437–448.

——(1978). A Developmental View of Identifications Resulting from Maternal Impingements. *International Journal of Psychoanalytic Psychotherapy* 7: 486–507.

——(1979). On Projective Identification. *International Journal of Psycho-Analysis* 60: 357–373.

——(1980). On the nature of schizophrenic conflict. *International Journal of Psycho-Analysis* 61: 513–533.

——(1981). Projective Identification in Psychiatric Hospital treatment. *Bulletin of the Menninger Clinic* 45: 317–333.

——(1982a). *Projective Identification and Psychotherapeutic Technique.* New York: Jason Aronson.

——(1982b). Treatment of the Schizophrenic State of Nonexperience. In *Technical Factors in the Treatment of the Severely Disturbed Patient*, ed. L. B. Boyer and P. L. Giovacchini, pp. 217–260. New York: Jason Aronson.

——(1985). Instinct, Structure and Personal Meaning. *Yearbook of Psychoanalysis and Psychotherapy.* Vol. 1, pp. 327–334. Hillsdale, NJ: New Concept Press.

Piaget, J. (1936). *The Origins of Intelligence in Children.* New York: International Universities Press, 1954.

——(1946). *Play, Dreams and Imitation in Childhood.* New York: W. W. Norton, 1962.

——(1954). *The Construction of Reality in the Child.* New York: Basic Books.

Pontalis, J.-B. (1972). Between the Dream as Object and the Dream-text. In *Frontiers in Psycho-Analysis,* pp. 23–55. New York: International Universities Press, 1981.

Racker, H. (1957). The Meanings and Uses of Countertransference. *Psychoanalytic Quarterly* 26: 303–357.

Samuels, A. (1983). The Theory of Archetypes in Jungian and Post-Jungian Analytical Psychology. *International Review of Psycho-Analysis* 10: 429–444.

Sander, L. (1964). Adaptive Relations in Early Mother-child Interactions. *Journal of the Academy of Child Psychiatry* 3: 231–264.

——(1975). Infant and Caretaking Environment: Investigation and Conceptualization of Adaptive Behaviour in a System of Increasing Complexity. In *Explorations in Child Psychiatry,* ed. E. J. Anthony, pp. 129–166. New York: Plenum Press.

Sandler, J. (1976). Dreams, Unconscious Fantasies and "Identity of Perception." *International Review of Psycho-Analysis* 3: 33–42.

Sandler, J., and Rosenblatt, B. (1962). The Concept of the Representational World. *Psychoanalytic Study of the Child* 17: 128–145.

Sartre, J.-P. (1943). *Being and Nothingness.* Trans. H. Barnes. New York: Philosophical

Library.

Schafer, R. (1968). *Aspects of Internalization.* New York: International Universities Press.

——(1975). The Psychoanalytic Life History. In *Language and Insight,* pp. 3 – 28. New Haven: Yale University Press.

——(1976). *A New Language for Psychoanalysis.* New Haven: Yale University Press.

Schmideberg, M. (1935). Discussion, British Psychoanalytical Society, October 16, 1935. Quoted by E. Glover, *Psychoanalytic Study of the Child* 1: 75 – 118.

Searles, H. (1963). Transference Psychosis in the Psychotherapy of Chronic Schizophrenia. In *Collected Papers on Schizophrenia and Related Subjects,* pp. 654 – 716. New York: International Universities Press.

——(1972). The Function of the Patient's Realistic Perceptions of the Analyst in Delusional Transference. *British Journal of Medical Psychology* 45: 1 – 18.

——(1979). Jealousy Involving an Internal Object. In *Advances in Psychotherapy of the Borderline Patient,* ed. J. LeBoit and A. Capponi, pp. 347 – 404. New York: Jason Aronson.

——(1982). Some Aspects of Separation and Loss in Psychoanalytic Therapy with Borderline Patients. In *Technical Factors in the Treatment of the Severely Disturbed Patient,* ed. L. B. Boyer and P. Giovacchini, pp. 131 – 160. New York: Jason Aronson.

Segal, H. (1957). Notes on Symbol Formation. *International Journal of Psycho-Analysis* 38: 391 – 397.

——(1964). *An Introduction to the Work of Melanie Klein.* New York: Basic Books.

Sifneos, P. (1972). *Short-Term Psychotherapy and Emotional Crisis.* Cambridge: Harvard University Press.

Spitz, R. (1959). *A Genetic Field Theory of Ego Formation.* New York: International Universities Press.

Stern, D. (1977). *The First Relationship: Infant and Mother.* Cambridge: Harvard University Press.

——(1983). The Early Development of Schemas of Self, Other, and "Self with Other." In *Reflections on Self Psychology,* ed. J. Lichtenberg and S. Kaplan, pp. 49 – 84. Hillsdale, NJ: Analytic Press.

Tinbergen, N. (1957). On Anti-predator Response in Certain Birds: a Reply. *Journal of Comparative Physiologic Psychology* 50: 412 – 414.

Trevarthan, C. (1979). Communication and Cooperation in Early infancy: a Description of Primary Intersubjectivity. In *Before Speech,* ed. M. Bellowa. Cambridge: Cambridge University Press.

Tustin, F. (1972). *Autism and Childhood Psychosis.* London: Hogarth Press.

Waelder, R. (1937). The Problem of the Genesis of Psychical Conflict in Early Infancy. *International Journal of Psycho-Analysis* 18: 406 – 473.

Winnicott, D. W. (1945). Primitive Emotional Development. In *Through Paediatrics to Psycho-Analysis*, pp. 145 - 156. New York: Basic Books, 1975.

——(1947). Hate in the Countertransference. In *Through Paediatrics to Psycho-Analysis*, pp. 194 - 203. New York: Basic Books, 1975.

——(1948). Paediatrics and Psychiatry. In *Through Paediatrics to Psycho-Analysis*, pp. 157 - 173. New York: Basic Books, 1975.

——(1951). Transitional Objects and Transitional Phenomena. In *Playing and Reality*, pp. 1 - 25. New York: Basic Books, 1971.

——(1952). Psychoses and Child Care. In *Through Paediatrics to Psycho-Analysis*, pp. 219 - 228. New York: Basic Books, 1975.

——(1954). Metapsychological and Clinical Aspects of Regression within the Psycho-analytical Set-up. In *Through Paediatrics to Psycho-Analysis*, pp. 278 - 294. New York: Basic Books, 1975.

——(1954 - 1955). The Depressive Position in Normal Development. In *Through Paediatrics to Psycho-Analysis*, pp. 262 - 277. New York: Basic Books, 1975.

——(1956). Primary Maternal Preoccupation. In *Through Paediatrics to Psycho-Analysis*, pp. 300 - 305. New York: Basic Books, 1975.

——(1957). "Why do babies cry?" In *The Child, The Family and the Outside World*, pp. 58 - 68. Baltimore: Penguin Books, 1964.

——(1958a). Psycho-analysis and the Sense of Guilt. In *The Maturational Processes and the Facilitating Environment*, pp. 15 - 28. New York: International Universities Press, 1965.

——(1958b). The Capacity to Be Alone. In *The Maturational Processes and the Facilitating Environment*, pp. 29 - 36. New York: International Universities Press, 1965.

——(1959 - 64). Classification: Is There A Psychoanalytical Contribution to Psychiatric Classification? In *The Maturational Processes and the Facilitating Environment*, pp. 124 - 139. New York: International Universities Press, 1965.

——(1960a). Ego Distortion in Terms of True and False Self. In *The Maturational Processes and the Facilitating Environment*, pp. 140 - 152. New York: International Universities Press, 1965.

——(1960b). The Theory of the Parent-infant Relationship. In *The Maturational Processes and the Facilitating Environment*, pp. 37 - 55. New York: International Universities Press, 1965.

——(1962a). A Personal View of the Kleinian Contribution. In *The Maturational Processes and the Facilitating Environment*, pp. 171 - 178. New York: International Universities Press, 1965.

——(1962b). Ego Integration in Child Development. In *The Maturational Processes and the Facilitating Environment*, pp. 56 - 63. New York: International Universities Press, 1965.

——(1963). Communicating and Not Communicating Leading to A Study of Certain Opposites. In *The Maturational Processes and the Facilitating Environment*, pp. 179 - 192. New York: International Universities Press, 1965.

——(1967a). The Location of Cultural Experience. In *Playing and Reality*, pp. 95 - 103. New York: Basic Books, 1971.

——(1967b). Mirror Role of Mother and Family in Child Development. In *Playing and Reality*, pp. 111 - 118. New York: Basic Books, 1971.

——(1968). The Use of An Object and Relating through Cross Identifications. In *Playing and Reality*, pp. 86 - 94. New York: Basic Books, 1971.

——(1971a). Creativity and Its Origins. In *Playing and Reality*, pp. 65 - 85. New York: Basic Books.

——(1971b). Dreaming, Fantasying, and Living. In *Playing and Reality*, pp. 26 - 37. New York: Basic Books.

——(1971c). Playing: A Theoretical Statement. In *Playing and Reality*, pp. 38 - 52. New York: Basic Books.

——(1971d). Playing: Creative Activity and the Search for the Self. In *Playing and Reality*, pp. 53 - 64. New York: Basic Books.

——(1971e). *Playing and Reality*. New York: Basic Books.

——(1971f). The Place Where We Live. In *Playing and Reality*, pp. 104 - 110. New York: Basic Books.

Zetzel, E. (1956). An Approach to the Relation between Concept and Content in Psychoanalytic Theory (with Special Reference to the Work of Melanie Klein and Her Followers). *Psychoanalytic Study of the Child* 11: 99 - 121.

索引

103,112,133,136,139,140,141 – 142,145,
164,167,168,174,176,178,179 – 180,200,
225

and development 和发展,226 – 227

and environment 和环境,31 – 37

on experience with mother 关于与母亲相处的经验,17

and infant guilt 和婴儿的内疚感,198 – 199

on infant's feelings 关于婴儿的感受,26

and instinct 和本能,11 – 13,16 – 18

and matrix for infant'spsychological life 和婴儿心理生活的母体,189

and mother-infant relationship 和母—婴关系,169 – 170

and object relations theoryof internal objects 和内部客体的客体关系理论,137 – 139

on Oedipus complex 关于俄狄浦斯情结,92 – 94

and paranoid-schizoidposition 和偏执—分裂心位,42 – 43,64 – 65

and phantasy 和幻想,10 – 13

preconception and realization and 前概念及其实现和,15 – 18

psychological deep structure and 心理深层结构和,13 – 15

and splitting 和分裂,43 – 45,47,48,50 – 51,52,54

and symbolic form of early phantasy activity 和早期幻想活动的象征化形式,23 – 31

and theoretical status of internal objects 和内部客体的理论地位,147

and whole object relations 和完整客体关系,71,191 – 194

Knowledge, inheritance of, Freud's conception of 知识,的遗传性,弗洛伊德的理论构想,18 – 23

Kojeve, A.(人名),75,80,208

Lacan, J. 拉康,J.,36,61,124,174,180,
219

Laing, R. D.,(人名),223

Langs, R.(人名),47

Lemaire, A.(人名),124

Levi-Strauss, C(人名),14

Lewin, B.(人名),182

Little, M.(人名),90,217

Loewald, H.(人名),95,96,97,240

Lorenz, K.(人名),15,44

MacKay, N.(人名),138

Mahler, M.(人名),187,192 – 193

Malin, A.(人名),47

Management of danger, indepressive position 对危险的关系,在抑郁心位,76 – 79

Manic defense 躁狂防御,84 – 88

Marty, P.(人名),239

Maternal preoccupation, primary 母性贯注,原始,172

Matrix 母体

derivation of 的词源,180

disruption of, impending annihilation and 的破裂,濒临灭绝和,183 – 184

psychological, of infant 心理的,婴儿的,179 – 181

McDougall, J.(人名),102,104,184,223,239

Meaning(s) 意义,210

Sexual 与性有关的,18 – 19

Meltzer, D.(人名),27,223

Mental capacities, of infant 心理能力,婴儿的,27 – 31

Mental corollaries 心理结果,11

Metabolizing 代谢35,36

Mitchell, S.(人名),19

Mother 母亲

absent, presence of 缺席的,的在场,181 – 183

"good enough" "称职的",140

as object, addiction to 作为客体的,沉溺